Las tres crisis

Las tres crisis

Las tres crisis

Copyright.

Todos los derechos reservados, esta publicación o cualquiera de sus partes no podrá ser reproducida o utilizada en cualquier forma sin el permiso expreso y por escrito del autor excepto para el uso de breves citas en una reseña de un libro o una revista.

Año de publicación 2016.

José Pedro Pascual Moreno, Octubre de 2016.

Las tres crisis

Para Nieves y Andrés.

Las tres crisis

Contenido

Introducción... 6

Las tres crisis...7

Crecimiento económico..8

Los límites del crecimiento, otra vez..12

Primera crisis. El pico del petróleo, el pico de todo...................15

Producción mundial de petróleo..21

Consumo mundial de petróleo..26

Exportación mundial de petróleo..33

Situación energética global..42

Segunda crisis. Cambio climático..52

2015 fue el año más caluroso jamás registrado..........................58

Hace frío en mi pueblo, ya no hay calentamiento global.............64

Sensibilidad de las capas de hielo..66

¿A más calor menos hielo? Negaciones de la realidad...............68

Incremento de la temperatura según la concentración de CO_2...73

Los nuevos inviernos...74

Las tres crisis

Temperaturas de Madrid (Retiro) Registro 1838-2015..............................79

El canario en la jaula. Los glaciares de los Pirineos...................................85

Glaciares de Groenlandia..88

Tercera crisis. Colapso financiero..91

La deuda de los Estados Unidos 99

Los tipos de interés y el funambulista..107

Banca de inversión y la próxima crisis...110

La quiebra de Detroit o cómo será el futuro..114

Soluciones ¿Energías renovables?..116

Autoconsumo eléctrico con paneles solares..117

Independizarse de la compañía eléctrica...122

Cómo ahorrar electricidad sin esfuerzo ni grandes inversiones..................124

El coche de hidrógeno...128

La isla de El Hierro será 100% renovable...131

Conclusiones...134

Las tres crisis

Introducción

Según la Wikipedia: **Crisis**. *"Es una coyuntura de cambios en cualquier aspecto de una realidad organizada pero inestable, sujeta a evolución, tiene siempre algún grado de incertidumbre en cuanto a su reversibilidad o grado de profundidad. Una crisis puede ser una situación social inestable y peligrosa en lo político, económico, militar, etcétera, también puede ser la definición de un hecho medioambiental de gran escala, especialmente los que implican un cambio abrupto."*

Desde este punto de vista, la humanidad ha estado en crisis prácticamente siempre, pues si algo ha caracterizado a la humanidad ha sido un continuo cambio. Ahora bien, en el momento actual nos enfrentamos tal vez a la mayor crisis que hemos experimentado desde nuestros orígenes, pues esta vez los retos a los que nos enfrentamos y su magnitud absoluta exceden todos los anteriores en varios órdenes de magnitud.

Considerando la historia de la humanidad, esta crisis actual comenzaría aproximadamente con la llegada del siglo XX. Como se acaba de indicar, la humanidad vive prácticamente en una crisis permanente, pero desde el comienzo del siglo XX estos cambios se han sucedido en órdenes de magnitud y a una velocidad nunca conocidos anteriormente. Las dos guerras mundiales y la crisis de 1929 supusieron grandes cambios en el orden social, político y económico de la humanidad.

Estos grandes cambios fueron debidos a varios factores. Entre los principales cabe destacar: el progreso tecnológico y la explotación masiva de recursos con el consiguiente aumento de la población asociado a estos, lo cual ha supuesto grandes cambios en la organización social de la humanidad en poco más de un siglo.

Ahora en el siglo XXI nos enfrentamos una vez más a grandes cambios. Estos cambios han sucedido con enormes modificaciones ambientales, tanto en el agotamiento de los recursos no renovables (petróleo, carbón, gas, uranio, metales, etcétera). Como en la saturación de los sumideros. Así, la contaminación de la tierra, del agua, del aire y este último como acumulador de CO_2 y otros gases de invernadero que han provocado uno de los cambios más

Las tres crisis

graves visibles que es el calentamiento global que se suma al resto de cambios. (Agotamiento de la tierra, de los recursos y materias primas).

Estos problemas y el agotamiento de los recursos tarde o temprano pero muy probablemente dentro del siglo XXI, obligarán a la humanidad a volver a vivir de forma sostenible con el medio ambiente, como vivió siempre. Este retorno, se puede abordar voluntariamente o la naturaleza nos retornará a la sostenibilidad de forma forzosa con una drástica disminución de la población por hambre, guerras y, enfermedades.

En cualquier caso, la palabra sostenibilidad (tan utilizada en vano actualmente), significa que nuestros medios de supervivencia como cultivar, cazar, el abastecimiento de aguas, materias primas, etc. debe de poder perdurar en el tiempo indefinidamente; sin embargo, nuestros medios de supervivencia desde finales del siglo XIX se apoyaron de forma cada vez más masiva en medios no sostenibles, lo que ha permitido multiplicar la población humana por encima de los 7.000 millones de habitantes cuando se estima que el planeta Tierra no puede soportar de forma sostenible más de 1.000 o 2.000 millones de habitantes siendo muy optimistas.

Este libro trata de abordar estos temas como un conjunto, pero, sobre todo, centrado en lo que se consideran las tres crisis más importantes: el agotamiento de los recursos no renovables, el agotamiento de los sumideros y sus consecuencias sobre el sistema social (económico) de la humanidad. Como estas tres crisis son muy ambiguas, se han concretado en tres crisis mucho más explícitas: El pico del petróleo, el cambio climático y el colapso financiero.

De ahí el nombre de las tres crisis. Estos temas se actualizan permanentemente en el blog *lastrescrisis.blogspot.com.es*. Este libro a su vez compila y actualiza algunos de los artículos publicados previamente en dicho blog.

Las tres crisis

La inspiración para titular a este libro "Las tres crisis" surgió de un artículo de noviembre de 2006 de Víctor Luis Álvarez titulado "Las tres próximas, y puede que inminentes, crisis"[1] publicado en plena cresta de las burbujas inmobiliaria

Las tres crisis

y de crédito en una época en la que todo eran felicitaciones por la "buena" gestión económica del momento.

El artículo en cuestión comenzaba con estas frases:

"La cuestión es que las Tres crisis, que son la climática, la energética y la financiera, se interrelacionan influyéndose mutuamente, por lo cual no se deben analizar de forma independientemente como es hecho habitualmente."

También se hacía eco del manido «desarrollo o crecimiento sostenible» como una falacia absoluta, pues apuntaba acertadamente que lo único sostenible es el decrecimiento y si no se hace así decreceremos, por la fuerza, de forma desordenada, destruyendo millones de empleos. Lo peor de todo es que los gestores en vez de gestionar el decrecimiento. Se afanan con la falsa esperanza del retorno a la "senda del crecimiento" sin que esta opción sea discutida por ninguna orientación política.

El artículo aludido terminaba con estas frases.

"Ignoramos cuál de las tres crisis, o combinación de ellas, será la definitiva la final, pero parece evidente que tenemos muy pocas salidas a los problemas planteados."

Crecimiento económico

Se tiene la idea de que el crecimiento económico es beneficioso para cualquier comunidad y siempre. Es una idea tan arraigada que casi suena a dogma. Los medios de comunicación nos dan a entender que el objetivo de toda persona de bien, todo político, empresario o autónomo es buscar el crecimiento económico.

Crecimiento positivo

En un país pobre donde hay carencias de comida, vivienda, ropa, en definitiva, donde hay carencias de todo, el crecimiento económico es real y efectivamente beneficioso; incluso en el caso en que destruye su medio ambiente o sus recursos, si tienes un trabajo que te da de comer, poco importa que el río baje un poco contaminado. ¿De qué sirve morir de hambre viendo pasar las aguas cristalinas?

Las tres crisis

El crecimiento permite mejorar todo, las escuelas, los hospitales, adquirir una vivienda, ropa nueva y en última instancia, permite poner una depuradora y tener de nuevo el río limpio y el estómago lleno. El crecimiento económico es siempre positivo.

¿Siempre? ¿Se puede hablar de crecimiento pernicioso? ¿Qué pasa en los países ricos?

Crecimiento pernicioso

En los países ricos donde ya casi todo el mundo tiene dinero, trabaje o no, donde nadie pasa hambre, donde todo el mundo va bien vestido y tiene su casa y su coche, el crecimiento económico se sigue viendo como algo deseable. A más crecimiento más dinero, mejor coche, mejor ropa, mejor casa. Parece que siempre alguien tiene más que nosotros y que es cuestión de tiempo (y de crecimiento) alcanzar ese deseado coche o casa.

La producción industrial aumenta, las fábricas aumentan su producción de cualquier cosa que produzcan: televisiones, móviles, coches, etc. Y todo esto se traduce en que, si antes había una televisión en cada casa, ahora casi hay una televisión en cada habitación y no sabemos qué hacer con la televisión que nos han regalado con la compra del último modelo de coche. Tengo dos móviles operativos y otros cinco o seis tirados a la basura o en el fondo de un cajón. Cada miembro de la casa tiene un coche en cuanto alcanza la edad de conducir, la moto, un ordenador casi en cada habitación y otros cuatro o cinco en el trastero.

Alienación

En la empresa cada año me evalúan con el objetivo de producir más que el año anterior, ser más productivo, más competitivo, más agresivo...y tengo más expectativas, más dinero para comprar más cosas y padecer más estrés, estar más alienado, pensar menos, hablar menos con los demás, tener menos tiempo para mí...

El crecimiento económico en los países ricos, aliena al trabajador, llena la casa de cosas no necesarias o a las que damos una utilidad marginal. Obliga a rendir más este año que el anterior y así todos los años hasta que te jubiles, y te exige cada año más, trabajar más horas, y eso te genera estrés y enfermedades que podrás curar comprando más medicinas gracias a tu seguro privado. Todo es una carrera hacia adelante para estar siempre en el mismo sitio; es como correr

Las tres crisis

sobre una cinta móvil y ponerla cada vez más rápido. Trata a las personas como máquinas, como entes productivos-consumidores. Una persona no puede rendir cada año más que el anterior y mucho menos cuando se acerca a edades avanzadas con menos fuerza física y menos agilidad mental; todo esto además de estrés, genera baja autoestima y, en definitiva, alienamiento. El crecimiento a partir de cierto punto no nos hace más felices, pues tenemos ya cubiertas todas nuestras necesidades básicas; lejos de eso nos convierte en personas cada vez más vacías, con menos por lo que luchar, con menos ilusión, deprimidas y casi esclavizadas por el sistema productivo.

La sociedad es mercantilizada, el empleo es el único objetivo a conseguir por el ser humano (curiosamente siempre por cuenta ajena y a través de terceros) y el ser humano deja de serlo para pasar a ser "consumidor" o "cliente".

Somos las personas las que debemos manejar la economía para nuestro beneficio y no la economía la que use las personas para el suyo.

Medio ambiente

Por otro lado, como se ha dicho anteriormente, toda esta riqueza generada por el crecimiento económico subsana aparentemente los daños que se producen al medioambiente: se ponen filtros, depuradoras, se usan materiales menos contaminantes, las empresas son más "verdes" y "sostenibles", pero los recursos fundamentales (como la tierra, el aire, el agua y la energía) se agotan y lo hacen a gran velocidad por el crecimiento global, no tienen sustitutos como se nos pretende hacer creer. Aunque el agua y el aire son supuestamente renovables, la realidad nos muestra, por ejemplo, que la concentración de gases de efecto invernadero se acumula en la atmósfera a mucha mayor velocidad de que se puede limpiar de forma natural y el agua de ríos y océanos también se acidifica y se llena de elementos que la hacen menos pura.

Los minerales cada vez son más inaccesibles y más escasos, y su reciclaje muchas veces implica unas cantidades de energía inviable si no es gastando más recursos no renovables como petróleo, carbón y gas natural. No se puede reciclar con energías renovables. Las energías renovables están muy bien para su uso doméstico y a pequeña escala, pero ¿alguien se imagina una acería con placas solares? Habría que llenar una comarca entera de placas solares para que fuera posible y sería necesario construir una mega factoría de placas solares ¿con más placas solares o con petróleo? El mundo que conocemos no es posible con renovables.

Las tres crisis

Las fuentes se agotan y los sumideros se saturan. Es un secreto a voces y su único culpable es el crecimiento. ¿Tiene sentido seguir creciendo en los países ricos?

Retos y soluciones

Los que se quedan sin empleo seguramente piensen que es mejor todo eso malo con trabajo que vivir en un mundo idílico y verde, pero sin trabajo. Y llevan razón. Pero ¿por qué para generar trabajo hace falta crecer? ¿Tiene sentido tener X personas produciendo coches en un país donde todo el mundo tiene uno y ya no se venden casi? ¿No será mejor reconvertir todos esos nuevos parados a fabricar algo que realmente necesitemos como sociedad en vez de subvencionarlos con dinero de los demás para que sigan teniendo empleo e inundando las calles con más coches que no necesitamos? ¿De verdad el no-crecimiento tiene que destruir empleo o es otro dogma de nuestra sociedad? Una persona con trabajo puede producir lo suficiente como para vivir de él toda la vida y esa producción año tras año al ser la misma daría como resultado crecimiento cero. Este concepto no es aceptable desde la locura del crecimiento infinito; sin embargo, esa persona conserva su trabajo. Es posible un país con todo el mundo trabajando y produciendo lo mismo que otros años, es decir, lo suficiente para vivir con un crecimiento real cero y no por ello tenemos que hablar de crisis o de paro.

Los empleos que se van saturando, como la fabricación de coches y otros bienes de consumo, se pueden reconvertir según las necesidades futuras. Por ejemplo, redes nacionales de trenes de cercanías de vía estrecha movidos por aerogeneradores ¿No se pueden reconvertir todos esos parados para construirla? Cuando el petróleo se haga impagable, ¿tendremos ya en marcha dicha red de vía estrecha? ¿O tendremos las calles inundadas de coches varados en el asfalto y ocupando un sitio precioso para cultivar? ¿Tendremos gente trabajando en trenes y agricultura? ¿O tendremos parados esperando "que esto vaya para arriba" para volver a fabricar no se sabe muy bien qué ni con qué materiales ni con qué energía?

La próxima crisis será alimentaria y no será por culpa de que no crezcamos. Más crecimiento nos llevará a más hambre y la depresión económica también. Llegará la crisis y se echará la culpa a los políticos y a los poderosos (con razón) y se seguirá apelando a la falta de crecimiento como causa del hambre.

Las tres crisis

Los límites del crecimiento, otra vez

Con la llegada de la crisis en 2008, todo el mundo intentaba que la caída de la economía fuera la menor posible y todo el mundo daba recetas para volver a "la senda del crecimiento" lo antes posible. A pesar de todo, aún hoy en muchos países no se han recuperado los niveles económicos anteriores a esta crisis. Si alguien habla de decrecer ordenadamente corre un gran riesgo de quedar relegado al ostracismo o bien ser tachado directamente de antisistema.

Enseguida se nos da el argumento de los millones de puestos de trabajo que se destruyen cuando la economía no crece. Pero ¿qué sentido tiene crecer indefinidamente? ¿Nos hemos planteado el significado físico del crecimiento? Si una fábrica produce un millón de coches al año, para crecer un modesto 2%, al año siguiente necesita fabricar 1.020.000 coches, y el siguiente 1.040.400 y así sucesivamente. Si se calcula los coches que hay que fabricar año tras año, enseguida vemos que cada 70 años aproximadamente se duplicaría la producción. Si la economía mundial crece un 2%, eso significa que cada año aumenta un 2% la producción media de productos, servicios, alimentos, etcétera. En definitiva, se puede argumentar que el factor "base" de este crecimiento es el crecimiento de la población.

Pero ¿puede el mundo duplicar su población y todo lo que ello conlleva cada 70 años? ¿Se pueden duplicar las tierras de cultivo cada 70 años en un mundo con una superficie limitada? La respuesta evidente, es que, tarde o temprano, las tierras cultivables llegarán a un límite a partir del cual a cada habitante de la tierra le corresponderá una superficie cultivable menor y, por tanto, una producción menor de alimentos, aunque un aumento en el rendimiento de las cosechas, los abonos, pesticidas e ingeniería genética, puede enmascarar este fenómeno durante una o dos duplicaciones más.

El problema es que durante el siglo XIX y XX ya hicimos varias duplicaciones (algunas cada 35 años) y desde que las tierras de cultivo llegaron prácticamente a la máxima superficie práctica cultivable, se ha producido al menos otra duplicación. Aunque aún pueden crecer las tierras de cultivo, sería en zonas marginales, expuestas a catástrofes o bien directamente destruyendo bosques, lo cual nos puede reportar sorpresas aún más desagradables: erosión, cambio de patrones de lluvia, ruptura del equilibrio ecológico, etcétera. En 1972 se publicó el libro "los límites del Crecimiento"[2], un informe para el Club de Roma. Dicho libro vaticinaba un colapso de nuestra civilización a

Las tres crisis

mediados del siglo XXI por dicho motivo, es decir, el agotamiento de los recursos y su disponibilidad cada vez menor per cápita.

El libro fue muy comentado y criticado; sin embargo, a medida que transcurrieron los años, el informe se fue olvidando y se volvió a abrazar masivamente la teoría del crecimiento infinito, criticando incluso las conclusiones del informe por catastrofistas. Este crecimiento adicional fue posible, por lo anteriormente expuesto de las mejoras tecnológicas en agricultura, medicina, transportes y otros muchos campos.

De los diversos modelos que se consideraron en el estudio, con el tiempo se ha visto que el modelo que se ha acercado más a la realidad era el modelo BAU "Bussiness as Usual", es decir, un modelo de todo sigue igual. Dicho modelo también vaticina un colapso hacia mediados de siglo XXI.

Estos estudios se han revisado[3] en el contexto actual de agotamiento de recursos y cambio climático los nuevos estudios muestran que en el escenario BAU el patrón seguido es uno de colapso de la población humana, producción de alimentos y producción industrial, de forma similar a lo que ocurre en el escenario estándar del informe empezando en algún momento alrededor del 2030. Los niveles de alimentos per cápita a finales del siglo XXI son similares a los del comienzo del siglo XX y siguen en camino de un declive continuo. Sin embargo, esto no debe tomarse como ningún tipo de predicción, porque el modelo no puede incluir de ninguna manera todos los datos relevantes.

La principal conclusión es que, si el mundo continúa comportándose como hasta ahora, a largo plazo es inevitable el declive.

En definitiva, se puede llegar a la conclusión de que hay que ir hacia un decrecimiento económico ordenado (que no destruirá puestos de trabajo, porque estos se destruyen cuando el decrecimiento es desordenado como el actual). La forma de hacerlo será derivar la economía hacia sistemas cada vez más locales y más sencillos, es decir, hay que ir hacia el pasado en cierto modo, pero sin olvidar los logros tecnológicos, por ejemplo, en medicina, industria, etc.

Hay que ir a sociedades pequeñas, casi autosuficientes, locales y con un consumo energético cada vez menor hasta ser completamente renovable. Es la única forma de evitar el colapso, pues si no lo evitamos acabaremos peor en todos los sentidos.

Desde un punto de vista estrictamente físico, se puede decir que una sociedad por definición solo es sostenible (es decir, perdurable indefinidamente en el tiempo) cuando la energía que utiliza es 100% renovable. Algo que ha sido así siempre y que solo hemos abandonado en los últimos 200 años y de momento, por desgracia, se encuentra muy alejado de nuestra sociedad actual.

Finalmente, cabe decir que no hay que ser pesimistas, hay que trabajar activamente por conseguir una sociedad en decrecimiento ordenado, porque la única alternativa posible es una sociedad en decrecimiento desordenado.

No solo es posible sino deseable, pues evitará guerras, hambrunas y nos dará mayor calidad de vida, aunque también más tareas que realizar y a la vez más tiempo libre junto con menos bienes materiales. Acostumbrarse a lo contrario fue fácil. No creo que sea fácil ir marcha atrás, pero dejar que las cosas sigan su curso puede ser peor aún.

"Todo el que piense que el crecimiento exponencial puede continuar indefinidamente en un mundo finito, tiene que ser un loco o un economista"
Kenneth Boulding

Las tres crisis

Primera crisis. El pico del petróleo, el pico de todo

Conceptos básicos

La mayoría de las personas el primer contacto que tenemos con el concepto de pico del petróleo es el típico de "queda petróleo para X años".

Este cálculo resulta relativamente sencillo: basta con dividir las reservas totales entre el consumo actual. Esto arroja un resultado tan simple como inexacto. Prueba de ello es que, es utilizado como argumento principal de los que niegan que exista tal concepto del pico del petróleo, pues en los años 70 se decía que quedaba petróleo para 40 años y actualmente se dice que queda petróleo para 40 años.

Queda petróleo para 40 años

Esta afirmación lleva implícitas dos condiciones:

1ª Con las reservas actualmente conocidas
2ª Con el ritmo actual de consumo

Es decir, en los años 70 se decía que con las reservas oficiales (probadas o no) y al ritmo de consumo actual (unos 30-35 millones de barriles diarios [mbd] en 1970) quedaba petróleo para unos 40 años. Es decir, en 2010 no quedaría ni una gota, como si el petróleo estuviese contenido en una botella o en un depósito y no embebido en una roca más o menos porosa.

¿Qué ha pasado para que 40 años después quede petróleo para 40 años?

Pues fundamentalmente que las reservas conocidas en 1970 eran mucho más pequeñas que las reales, además la tecnología de extracción permitía extraer muy poco petróleo de cada yacimiento conocido. Actualmente se conocen muchas más reservas y se extrae mucho más de cada yacimiento conocido.

Así que muchos piensan que dentro de otros cuarenta años una vez más, se habrá descubierto mucho más petróleo y será recuperable mucha mayor proporción, como si el petróleo fuera inagotable.

Las tres crisis

¿Por qué esta vez tengo que creerme que solo hay petróleo para 40 años?
En primer lugar, porque la tasa actual de consumo es aproximadamente el doble que en 1970, así que, aunque ahora las reservas sean el doble, este se consumiría en apenas otros cuarenta años.

En segundo lugar, porque si continuamos creciendo al 2% anual, en cuarenta años se habrá duplicado de nuevo el consumo, así que, aunque las reservas hayan vuelto a aumentar y quedara lo mismo que hoy, solo habría para veinte años y no para cuarenta.

En tercer lugar, porque con las técnicas actuales de prospección ya se ha rastreado prácticamente todo el globo y sabemos que queda muy poco petróleo nuevo por descubrir y el poco que queda está sobre todo en zonas de difícil acceso o en yacimientos pequeños.

Y en cuarto lugar, porque el concepto "queda petróleo para X años" es inexacto; en realidad, esto representaría una gráfica plana que se acaba súbitamente, lo cual es falso. El petróleo sigue una curva similar a la de Gauss llamada Curva de Hubbert.

La curva de Hubbert

Se trata de una curva con forma de campana, y se puede aplicar a un yacimiento concreto o a la suma de varios yacimientos. Esta curva representa una producción de petróleo que crece rápidamente hasta consumir aproximadamente la mitad de las reservas totales, momento a partir del, cual la producción es máxima, pero se estabiliza y comienza a descender tan rápidamente como subió.

Las nuevas técnicas de extracción hacen que la curva no sea exactamente simétrica y tenga una pendiente de bajada algo menos pronunciada que la de subida.

Las tres crisis

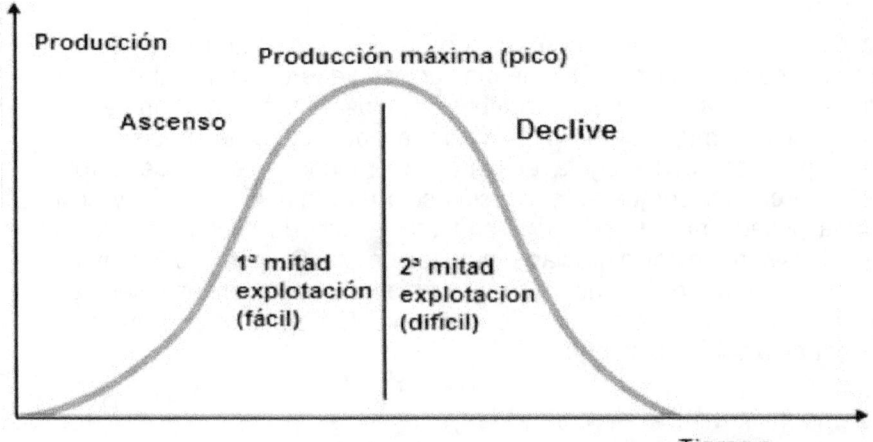

Curva teórica de Hubbert sobre la extracción de petróleo

La curva de Hubbert tiene esta forma porque como se ha dicho antes, el petróleo no está en una botella, está embebido en roca más o menos porosa. Es como si vertemos una taza de café sobre un pavimento más o menos grueso de azucarillos. Para extraer el café tendremos que pinchar con una pajita (pozo de petróleo) y por esta saldrá un flujo de café, pero luego habrá que absorber a través de ella para que el flujo continúe; después nos veremos obligados a pinchar en más sitios.

Y aun así sabemos que nunca podremos extraer todo el café de los azucarillos, porque llegará un momento en que la energía necesaria para absorberlo será superior a la que nos proporcione el propio café. (Concepto de Tasa de Retorno Energético TRE que se explicará más adelante).

Esto hace que cuanto menos petróleo queda, más baja es la producción, pero esta se alarga durante muchos años. Así que, en realidad hay petróleo para muchas décadas o incluso siglos, porque el problema no es, durante cuánto tiempo podremos extraer petróleo. El auténtico problema es, **durante cuánto tiempo podremos sostener la producción** sin que descienda.

Las tres crisis

El pico de todo

Muchas veces se argumenta que cuando se acabe el petróleo, este será sustituido por gas natural, carbón, energía nuclear o energías renovables, pero no se tiene en cuenta que los otros combustibles fósiles también se agotarán y que su extracción muchas veces es viable económicamente precisamente gracias al petróleo. Si se agota el petróleo, grandes reservas de carbón quedarán sin extraer porque su extracción solo es rentable si se apoya con maquinaria pesada movida por petróleo. Con la minería sucede lo mismo, muchas minas son rentables gracias al petróleo barato. Sin petróleo la mayoría de las minas se verán obligadas a cerrar y la mayoría de minerales útiles para la sociedad comenzarán a escasear o directamente se agotarán. Por eso el pico del petróleo será el pico de todo.

El problema no son las reservas, son los flujos

De poco sirve tener un barril muy grande si el grifo está atascado y solo tenemos un pequeño goteo. Cuando el petróleo era abundante los flujos eran grandes, después bastó con perforar más pozos para mantener o incrementar el flujo. Pero ahora con las arenas asfálticas, por muy fabulosas que sean las reservas, la producción no puede superar la capacidad de las excavadoras y de la planta de producción; por tanto, de poco sirve tener grandes reservas si no se puede sostener la producción.

Aquí hay un gravísimo problema añadido (tal vez el mayor de todos). La producción no solo debe mantenerse, sino que, para mantener el crecimiento económico, debe crecer en torno a un 2% (duplicación cada 35 años). Es decir, que si la producción actual es de cerca de 90 millones de barriles diarios [mbd], en unos 35 años deberían ser de 180 mbd para poder mantener el crecimiento económico. Independientemente de las reservas, cuesta creer que en 35 años se pueda poner en marcha una infraestructura para generar esa producción. Además, un flujo doble implica el agotamiento en la mitad de tiempo.

El petróleo no se agotará nunca

Aun así, la respuesta estricta a la pregunta de ¿cuándo se agotará el petróleo? debería ser: nunca. La explicación es sencilla: por cada barril extraído se necesita energía para extraerlo. Todos hemos visto en películas en blanco y negro como perforaban un pozo en Texas y el petróleo brotaba como si fuera una fuente; lo que no sale en las películas es que pasado un tiempo el petróleo deja de salir y hay que poner una bomba para extraerlo. Después la bomba

Las tres crisis

tiene que ser más potente y el pozo más profundo; aun así por cada 100 barriles de crudo extraídos es posible que solo necesitemos emplear un barril de petróleo. Esto se llama "tasa de retorno energético" (TRE) y en este caso particular tendría un valor de 1:100 o simplemente 100.

A medida que se agota un pozo, lo que queda por extraer está cada vez más profundo o más lejos o en roca menos porosa; así que, tal vez con la energía de un barril solo extraigamos 50 o 25 barriles, luego extraeremos 4 y, al final, cuando necesitemos la energía de un barril para extraer otro, estaremos haciendo un mal negocio, la TRE será 1 y el petróleo que quede en el pozo se quedará ahí para siempre, pues no será económicamente rentable extraerlo, independientemente de la tecnología que utilicemos.

Así que, en realidad, el petróleo no se acabará nunca. Lo que si se acabará es su disponibilidad, es decir, su utilidad como recurso disponible.

Quedan inmensas reservas en Canadá y también está la nueva tecnología de la fracturación hidráulica (fracking) con reservas fabulosas

Actualmente se habla mucho de las inmensas reservas de petróleo de Canadá en forma de arenas asfálticas o bituminosas; lo que no se dice es que su mejor TRE es de aproximadamente 4 y, por tanto, el 25% de estas deberá consumirse para extraer el resto; además la TRE comienza siendo alta (pozo de Texas brotando) y acaba siendo baja. Así que, si ya de entrada se tiene una TRE de 4, mucho antes de agotar el yacimiento llegarán a 1 y lo que quede no se podrá extraer nunca. Tal vez no llegue ni a extraerse la mitad de lo que dicen que hay.

Con la fracturación hidráulica pasa algo parecido. Agotado el petróleo en roca porosa, no queda más remedio que extraerlo de roca compacta con un coste en la extracción mucho más alto, unos flujos mucho más pequeños y una TRE mucho más pequeña. La fracturación hidráulica no es una nueva técnica, se desarrolló en los años 50 del siglo XX, pero no se usaba porque el barril salía por encima de los 80 $ y con el barril a 10 o 20 $ no era económicamente rentable utilizar esta técnica.

El agotamiento del petróleo convencional ha hecho subir el precio por encima de los 100 $ y, por tanto, el petróleo de la fracturación hidráulica es rentable. Como contrapartida, la sobreabundancia relativa de petróleo en superficie ha hecho caer los precios de nuevo y poner freno a la inversión en extracción, lo

Las tres crisis

que a su vez se traduce en una menos producción y una nueva alza de precios, haciendo entrar al precio del petróleo en una zona muy inestable de precios, que puede acabar rápidamente con la industria mucho antes de que se agote el petróleo. Si esto llega a suceder, ya no será económicamente rentable poner en marcha toda la infraestructura de exploración y perforación y el fin del petróleo sobrevendrá mucho antes de lo que le corresponda por razones simplemente geológicas.

Se acabó el petróleo barato

Por lo dicho anteriormente, se acabó el petróleo barato, a pesar de los precios bajos temporalmente debidos a estas oscilaciones. A medida que aumente la demanda y disminuya la producción, su precio continuará subiendo. En realidad, la demanda no puede aumentar, porque se ajusta como un guante a la producción y esta, a la curva de Hubbert.

Por tanto, el auténtico problema no es cuando se acabará el petróleo, sino durante cuánto tiempo podremos sostener una producción que, sin ser ya creciente sino descendiente, impida el colapso de nuestra sociedad.

Tenemos las renovables, el carbón, el gas natural, la nuclear, etc. ¿por qué preocuparnos?

El petróleo aporta una parte sustancial de la energía primaria utilizada en el mundo. Por ejemplo, la energía eléctrica apenas supone un 20% de la energía total en los países ricos y un 10% en los países pobres.

El gas natural y el carbón son los únicos que podrían sustituir al petróleo si este se agota, pero la producción de gas natural va casi paralela a la de petróleo, pues el gas se obtiene como subproducto prácticamente de los mismos yacimientos.

El carbón necesitaría una reconversión mucho más dificultosa para convertirse en combustible utilizable para el transporte, en el proceso se pierde casi la mitad de la energía utilizable; además el carbón es barato y fácilmente extraíble gracias al petróleo. Si este escasea o se agota, la extracción de carbón será mucho más dificultosa y cara; muchas minas de carbón hoy explotables dejarían de ser económicamente rentables sin disponibilidad de petróleo barato para poder explotarlas.

Con el pico del petróleo probablemente llegará el pico de todo: el del gas por su fuerte asociación a los pozos de petróleo, el del carbón por su uso intensivo

Las tres crisis

de petróleo en su extracción y el del uranio por los mismos motivos. También llegará el pico de la minería en general con producciones decrecientes de prácticamente todos los minerales de utilidad industrial para la sociedad.

Producción mundial de petróleo[4]

En 2015 el aumento en la producción ha sido espectacular. La producción mundial de petróleo aumentó de nuevo pasando de más de 88,834 millones de barriles (un barril contiene unos 159 litros) diarios de media en 2014 a 91,670 millones de barriles diarios (a partir de ahora mbd) de media, lo que supone un incremento del 3,2% respecto a 2014. Esto supone un incremento de 2,836 mbd. Los mayores incrementos se han producido precisamente en los grandes productores. La gráfica de los últimos años quedaría así:

Muchos veían ya el pico o cénit del petróleo (momento de máxima producción y posterior descenso) entre 2005 y 2008, pero a la vista de la gráfica parece que todavía falta para que se produzca dicho pico. Como bien dijo Matt Simmons "solo lo veremos mirando *por el retrovisor* hacia atrás". Es decir, hasta

Las tres crisis

que la producción no descienda claramente año tras año (con la consiguiente crisis económica y financiera asociada), no podremos asegurar que hemos pasado el cénit.

¿A qué se ha debido este fuerte incremento? ¿Significa esto que el pico del petróleo queda lejano? Trataremos de responder estas preguntas analizando por países.

A nivel general, el principal productor de crudo de 2015 fueron los Estados Unidos, principalmente gracias a la fracturación hidráulica aunque en el contexto actual de bajos precios muchas empresas están produciendo desinversiones y esto se debe reflejar en los datos de producción de 2016. Esto mismo se dijo para 2015 el año anterior, y de momento no ha sido así; sin embargo en 2016 parece que efectivamente los datos de producción de Estados Unidos han comenzado a disminuir, aunque aún es pronto para tener datos definitivos.

Sin embargo, se puede decir que los principales productores, (Estados Unidos, Arabia Saudí, Rusia y Canadá). Son los que aportan un crecimiento significativo a la producción.

Pero hay que tener en cuenta que grandes aumentos en la producción de crudo se han producido a partir de petróleos no convencionales en Canadá y Estados Unidos, con lo que buena parte de lo que se cuenta como producción se ha consumido en la propia extracción de crudo. Por tanto, el petróleo realmente disponible para la sociedad presumiblemente sea menos del que reflejan las estadísticas. Podría ser que lejos de parecer una buena noticia más bien parece la confirmación de que el mundo hubiera alcanzado la temida meseta ondulante previa al gran colapso de la producción. No obstante, productores de crudo convencional como Arabia Saudí también aumentan fuertemente su producción.

Estados Unidos

Experimenta un fuerte incremento en los últimos años, pasando a ser el primer productor mundial con 12,704 mbd en 2015 debido a la explotación de petróleo no convencional a través de la técnica del fracturación hidráulica, y a la explotación de nuevos yacimientos de petróleos extra-pesados. Sus reservas actuales se estiman en 55 Mb aumentando casi al doble sobre las estimadas en 2008.

Las tres crisis

Estados Unidos aumenta así su producción desde el mínimo alcanzado en 2006 con 6,841 mbd, desde entonces su producción ha aumentado casi 6 mbd y supera la producción máxima que se produjo en 1970 con 11,297 mbd. En contra de lo que pudiera parecer, esto pone de manifiesto que el mayor consumidor del mundo (19,396 mbd) ha agotado prácticamente las fuentes convencionales y se ve obligado a utilizar petróleos mucho más difíciles de extraer y con menor poder energético. La subida de la producción de los Estados Unidos no es más que la antesala de una potente bajada, pues la técnica de la fracturación hidráulica hace subir mucho la producción, pero sus pozos se agotan tan rápidamente como se ponen en producción, obligando a perforar nuevos pozos para mantener la producción estable. De hecho, ya en 2016 los bajos precios del mercado han propiciado una gran desinversión que ha producido un descenso en torno a 0,5 mbd (en mayo de 2016) respecto al pico de producción. Esto puede ser la antesala de una caída tan espectacular como su ascenso.

A pesar de la disminución del consumo interno de 20,8 mbd en 2005 a los 19,396 mbd y al aumento de la producción, aún está muy lejos del autoabastecimiento, el cual presumiblemente no se producirá nunca, actualmente el déficit producción–consumo es de 6,692 mbd frente a los más de 13 mbd de 2007. En este aspecto ha sido superado por China, como se verá más adelante.

El enorme incremento en la producción de Estados Unidos, superando ya los 12,7 mbd, supone ya prácticamente un incremento de casi el 100% respecto a la producción media de 2006, que fue de 6,826 mbd. Esto lo convierte en el primer productor mundial, situación que por otra parte, puede durar muy poco tiempo, pues la producción ya desciende con fuerza en 2016, aunque no disponemos aún de datos definitivos.

Arabia Saudí

Arabia Saudí es el único productor del mundo que se supone que tiene capacidad ociosa, es decir, que no extrae todo lo que puede y con ello regula los precios y suministros. Debido al descenso de producción de otros países de la OPEP como Siria o Yemen, el resto ha aumentado su producción, recayendo la mayor parte de este incremento sobre Arabia Saudí, que supera por primera vez en su historia los 12 mbd con 12,014 mbd en 2015. Pero no hay que perder de vista el enorme consumo interno de petróleo en 2015 que alcanzó los 3,895 mbd muy cerca ya de los 4 mbd con una población de apenas

Las tres crisis

31 millones de habitantes, pero que crece rápidamente y con un enorme consumo per cápita de petróleo. Se convierte en el quinto consumidor mundial por detrás de Estados Unidos, China, Japón e India. Pero por encima de Rusia y Alemania, países estos con mucha mayor población que Arabia Saudí.

También hay que tener en cuenta que, a pesar de dicho incremento, cada vez es necesario desarrollar los pozos con tecnología más avanzada para obtener una producción rentable, lo que incrementa los costos de extracción. Este fenómeno es cada vez más frecuente en otros países y pone de manifiesto que se trata de un recurso finito que acabará agotándose y es el responsable de la imparable subida de los precios del crudo.

Rusia

La producción de Rusia continúa aumentando algo más despacio que Estados Unidos y Arabia Saudí. En 2015 alcanzó 10,980 mbd; mucha de esta producción se debe al desarrollo de nuevos proyectos de yacimientos en Siberia Oriental y una mejora de la tecnología en los yacimientos maduros. Hay que tener en cuenta que la producción de Rusia es casi tan grande como la de Arabia Saudí (aunque con unas condiciones de extracción mucho más difíciles, sobre todo en invierno); además, sus reservas son muy inferiores a las del país árabe, pues estas son algo menos de la mitad que las de Arabia Saudí y aproximadamente el doble que las de Estados Unidos (102,4 Millardos de barriles, a partir de ahora Mb, frente a 266 Mb de Arabia Saudí y 55 Mb de Estados Unidos), por lo que no se espera que estos países mantengan sus producciones paralelas mucho tiempo. La de Rusia debería caer en breve con el consiguiente problema de falta de abastecimiento, pues no hay que olvidar que se trata del tercer productor mundial. Y la del primer productor Estados Unidos debería caer todavía antes al tener la mitad de las reservas de Rusia. Rusia también tiene un gran consumo interno (3,133 mbd), lo que deja menos petróleo disponible para exportar, igual que en el caso de Arabia Saudí.

China

China pasa a ser el quinto productor mundial de crudo con 4,309 mbd. Desconozco las razones de tal subida, pues las reservas chinas nunca han sido muy generosas: 18,5 Mb. Da la impresión de que es un caso similar al de Estados Unidos, incluso en consumos es peor aún, ya que su consumo aumenta tan rápidamente que anula cualquier aumento de producción: en 2012

Las tres crisis

el consumo interno superó por primera vez los 10 mbd con 10,221 mbd, frente a un consumo de 9,750 mbd en 2011 y de tan solo 5,262 mbd en 2002. Actualmente, su déficit producción-consumo supera ya los 7,659 mbd, pasando a ser el primer país con mayor déficit entre el consumo y la producción después de Estados Unidos.

Reino Unido

El caso más sangrante y paradigmático del agotamiento del petróleo es el Reino Unido, que en los años 90 era exportador de petróleo vendiéndolo en el mercado internacional a precios inferiores a 20 $ el barril. En 2001 producía 2,476 mbd y consumía 1,704 mbd, quedando para la exportación más de 0,7 mbd. Actualmente, ha pasado a consumir 1,559 mbd, haciendo un gran esfuerzo en reducción de consumo desde los 2,228 mbd de 1973, pero la producción ha caído a 0,965 mbd por lo que se ve obligado a importar más de 0,5 mbd y durante estos últimos años encima tuvo que pagarlos a más de 100 $ el barril.

Si sus gobiernos y empresas privadas hubiesen sido previsores, en vez de "regalar" el petróleo en los años 90 a 20 $, lo habrían reservado para consumo interno y actualmente la producción no habría caído tanto, por lo que no se verían obligados a importar tanto ni tan caro.

Un caso paradigmático de lo pernicioso que puede ser el mercado libre cuando no se planifica a largo plazo.

México

Otro caso de una economía que hoy es emergente, pero mañana puede no serlo. En 2004 producía 3,830 mbd con un consumo de 1,983 mbd, en 2015 la producción cayó a 2,588 mbd y el consumo también disminuyó, pero solo hasta los 1,926 mbd, lo que no ha supuesto una disminución espectacular. Sin embargo la producción ha caído tanto que están al borde de convertirse en importadores, pasando de tener un saldo positivo de 1,847 mbd en 2004 a un saldo positivo de tan solo 0,662 mbd en 2015. Aunque el margen aún es amplio, con este ritmo de caída en apenas tres años podrían estar importando petróleo.

Brasil

En productores medianos hay muchos casos como el de Reino Unido y México, la excepción está en los grandes productores. Incluso los que tienen

Las tres crisis

producción creciente como China van a peor. Similar a China es Brasil que aumenta su producción con fuerza (2,527 mbd) en 2015, pero su consumo aumenta aún más (3,157 mbd en 2015), convirtiendo en imposible el viejo sueño del autoabastecimiento del país carioca. Con un saldo negativo que en 2002 era de 0,693 mbd, bajó a 0,281 mbd en 2006 y sube de nuevo a 0,630 mbd en 2015.

Total Mundial

En conjunto, la producción mundial de petróleo pasa de 88,834 mbd en 2014 a 91,670 mmd en 2015, lo que supone un incremento del 3,2 %, un incremento bastante fuerte gracias a la fracturación hidráulica y los petróleos pesados y bituminosos. Aunque supone un aumento grande en el último año, hay que tener en cuenta que cada vez mayor parte de la producción se emplea para extraer petróleo adicional lo que deja menos petróleo en el mercado. Si bien al principio esta diferencia era irrelevante, en la actualidad es cada vez más notable y hace que las cuentas de totales globales empiecen a no ser fieles a la realidad, pues lo realmente interesa medir, es la energía que queda disponible para la sociedad y ésta cada vez diverge más de la producción total del petróleo.

Consumo mundial de Petróleo

En cuanto a los consumos, como ya es sabido es el mayor consumidor son los Estados Unidos con 19,40 mbd en 2015, por lo que ostentan este puesto desde hace mucho tiempo, lo cual no sorprende a nadie. Le sigue China que supera ya los 10 mbd desde 2012 (el segundo y único país del mundo que bate esta marca) y dejando al Nº 2 tradicional, es decir Japón, en el puesto Nº 4 con apenas 4,150 mbd respecto a los más de 5,5 mbd que consumía en 1999 cuando era el Nº 2 y ahora rebasado incluso por India (Nº 3) con 4,159 mbd.

El quinto consumidor mundial es sorprendentemente Arabia Saudí, productor tradicional que pasa a ser un gran consumidor con 3,895 mbd y deja ya lejos a Rusia con más de 3,113 mbd. Acostumbrados a ver a Arabia Saudí como Nº 1 de los productores, de las reservas y de las exportaciones, también se coloca en los primeros puestos entre los consumidores. ¿Y qué tiene esto de especial? Pues que si ellos se comen su producción, no quedará mucho para exportar. De momento, eso está lejos de producirse, pero la producción de Arabia Saudí

Las tres crisis

lleva muchos años estancada y su consumo aumenta rápidamente. Por ejemplo, en 1999, hace poco más de una década, no aparecía en esta lista, con 1,5 mbd su consumo era similar al de España, pero ya en 2012 consumieron 2,9 mbd, colocándose por delante del primer consumidor Europeo, Alemania, que, con 2,8 mbd en 1999 y con apenas 2,338 mbd en 2015, aparece en el noveno puesto del Top 10 de los consumidores.

En el Nº 7 se sitúa otro emergente, Brasil, con 3,157 mbd, cada vez más lejos del autoabastecimiento, a pesar de los grandes yacimientos encontrados en su territorio. Corea del Sur en el Nº 8, Con 2,575 mbd, y en el Nº 10 Canadá también con 2,322 mbd queda por debajo de Alemania, que sube a 9ª posición.

A continuación, se muestra lo anteriormente comentado en una tabla.

Diez grandes consumidores del mundo (miles de barriles diarios)																
	2000	2001	2002	2003	2004	2005	2006	2007	2008	2009	2010	2011	2012	2013	2014	2015
Estados Unidos	19701	19649	19761	20033	20732	20802	20687	20680	19490	18771	19180	18882	18490	18961	19106	19396
China	4697	4810	5205	5796	6755	6900	7432	7808	7941	8279	9436	9791	10229	10732	11201	11968
India	2259	2285	2413	2486	2556	2606	2737	2941	3077	3237	3319	3488	3685	3727	3849	4159
Japón	5542	5392	5312	5418	6270	5364	5174	5014	4848	4389	4442	4441	4688	4531	4309	4150
Arabia Saudí	1627	1746	1810	1910	2056	2203	2274	2407	2622	2914	3218	3295	3462	3469	3732	3895
Rusia	2640	2628	2544	2653	2619	2647	2762	2780	2861	2775	2878	3074	3119	3145	3255	3113
Brasil	2066	2063	2045	1984	2065	2123	2155	2313	2485	2502	2721	2842	2905	3106	3242	3157
Corea del Sur	2260	2263	2317	2337	2294	2312	2320	2399	2308	2339	2370	2394	2458	2455	2464	2575
Alemania	2746	2787	2697	2648	2619	2692	2609	2380	2502	2409	2445	2369	2356	2408	2348	2338
Canadá	2043	2094	2172	2233	2309	2288	2295	2361	2315	2189	2324	2404	2372	2383	2371	2322
Suma	45481	45717	46275	47496	49274	49827	50446	51084	50450	49803	52333	52981	53766	54918	55867	57072
Total mundial																95008

Lista de los 10 primeros consumidores de petróleo del mundo 2000-2015

En total, en el mundo en 2015 se consumieron 95,01 mbd de los cuales 57,07 mbd se consumieron en los países del Top 10 comentado. Es decir, solo estos 10 países consumieron casi el 60% del total mundial. Y eso sin tener en cuenta que si sustituimos Alemania, por ejemplo, por la Unión Europea, con casi otros 10 mbd, pasarían ya de largo el 70% entre los 10 de la lista.

Las tres crisis

El consumo de petróleo de la OCDE aumentó en más de 0,5 mbd en 2015, incumpliendo con su promedio de los últimos diez años en el que se producían descensos, con una disminución en Japón (-3,9%), compensado por el crecimiento en los Estados Unidos y Europa.

Estados Unidos

Cabe destacar la reducción del consumo de los grandes países industrializados. Por ejemplo, Estados Unidos con un consumo de 19,5 mbd en 1999, rebasó los 20 mbd en 2003, alcanzando un pico de consumo en 2005 con 20,8 mbd, para comenzar a disminuir hasta 2012 con apenas 18,5 mbd. Desde entonces, el consumo ha vuelto a aumentar hasta los 19,396 mbd de 2015. Si bien buena parte del descenso experimentado puede deberse parcialmente a una mejora de la eficiencia y al traslado a China de la industria pesada, otra parte de este descenso posiblemente se deba también a la crisis económica. Es posible que en el nuevo aumento del consumo haya tenido algo que ver la mejora económica de los últimos años gracias al boom del fracturación hidráulica; aun así vemos que la independencia energética de los Estados Unidos está aún lejana. La propia Agencia Internacional de la Energía (AIE) en sus informes hace hincapié en que este aumento de la fracturación hidráulica apenas durará una década, con lo cual difícil será alcanzar los 18 mbd; lo que no dice la agencia es que con la fracturación hidráulica las producciones caen con la misma fuerza que suben.

Las tres crisis

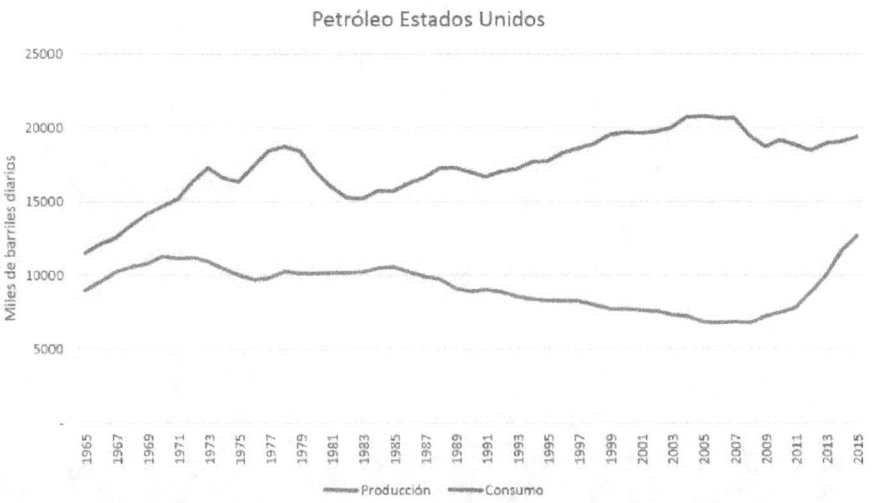

Consumo y producción de petróleo de los Estados Unidos.

El mayor consumidor vuelve a ser Estados Unidos con un consumo de 19,396 mbd en 2015 frente a 18,490 mbd en 2012, lo que supone un incremento de casi 1 mbd desde entonces. A pesar de este aumento su producción aumenta mucho más deprisa que su consumo, razón por la cual se acerca al autoconsumo, aunque es difícil precisar si llegará a alcanzarlo y de hacerlo, cuándo.

China
En cuanto a China, es ya el mayor importador de petróleo del mundo y según las previsiones de la AIE a medio plazo también será el mayor consumidor de crudo del globo (allá por 2030, previsiblemente)

Las tres crisis

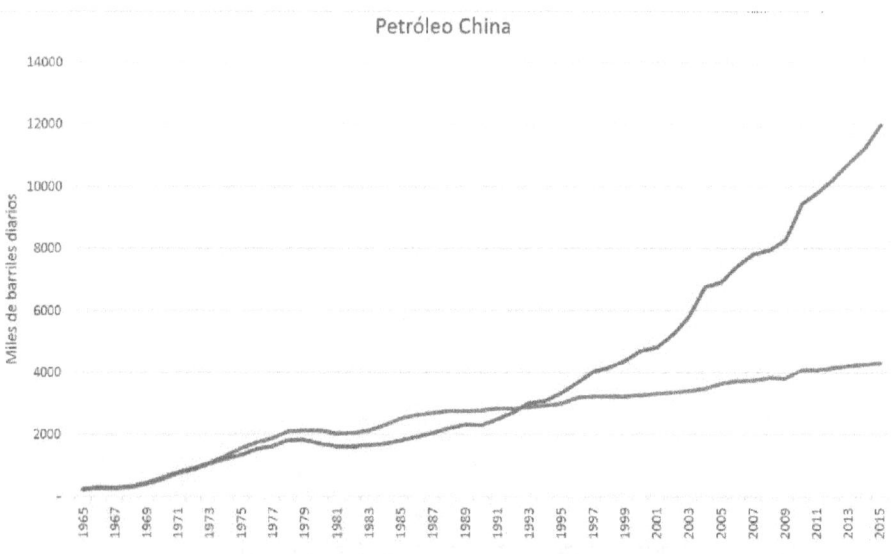

Consumo y producción de petróleo de China.

El drama de China, es la explosiva subida de su consumo y su ingente necesidad de encontrar quien les exporte, no ya por razones políticas, sino más bien por razones de disponibilidad real de crudo. Esto explica la gran actividad diplomática de China por el continente africano, último gran productor de petróleo dispuesto a vender al mejor postor.

El caso de China es muy representativo de lo que va a pasar: si continúa creciendo al 7% anual en una década (hacia 2020-2025) estará consumiendo lo mismo que los Estados Unidos y probablemente pase al Top 1 del consumo mundial. Para ello se necesitarán 10 mbd adicionales que bien podrían salir del fracturación hidráulica; el problema vendría en la década 2025-2035, cuando China tendrá que abandonar el 7% de crecimiento con la consecuente crisis económica o bien, si no lo hace, necesitará otros 20 mbd adicionales. Si de algún modo esos 20 mbd salieran debajo de alguna chistera, entre 2035 y 2045 necesitaría otros 40 mbd adicionales. Aquí se pone claramente de manifiesto la paradoja del crecimiento infinito. Por muy fabulosas que sean las reservas, en el transcurso de nuestras vidas China sufrirá una grave crisis económica, ya

Las tres crisis

sea por falta de crecimiento o por falta de petróleo. Al resto del mundo no le irá mejor.

China el segundo consumidor mundial, pasa de 11,968 mbd en 2015, casi ya los 12 mbd y un 6,3% más que el año anterior. Incrementa fuertemente su consumo de petróleo, aunque no tanto como el crecimiento de su economía. Sin embargo, el principal motor de la economía energética china no es el petróleo sino el carbón, pero de este último está disminuyendo tanto su producción como su consumo -1,5 % en el último año.

Japón

Japón cae un puesto más como consumidor global y se coloca en cuarto lugar, disminuyendo su consumo desde los 5,802 mbd de 1996 a los 4,115 mbd de 2015 con un descenso del -3,9% solo el último año. Esto hace ya más de 1,5 mbd de disminución desde su consumo máximo.

India, Rusia y Arabia Saudí

El tercer consumidor mundial India, pasa de los 3,849 mbd en 2014 a los 4,159 mbd lo que supone un incremento del 8,1% en el último año, un incremento incluso superior al de China.

El sexto consumidor es Rusia con 3,133 mbd y Arabia Saudí se consolida como quinto consumidor mundial superando los 3 mbd con 3,895 mbd. Esto lo coloca en una mala posición como exportador, pues su producción está estancada o aumenta muy poco, mientras su consumo aumenta fuertemente; de seguir así pronto podría superarle Rusia como primer exportador.

Como muestra de lo que está sucediendo en Arabia Saudí pongo una gráfica del consumo de dicho país comparado con el de Alemania desde 1992; hay que tener en cuenta que Arabia Saudí no alcanza los 31 millones de habitantes, mientras que Alemania supera los 82 Millones.

Las tres crisis

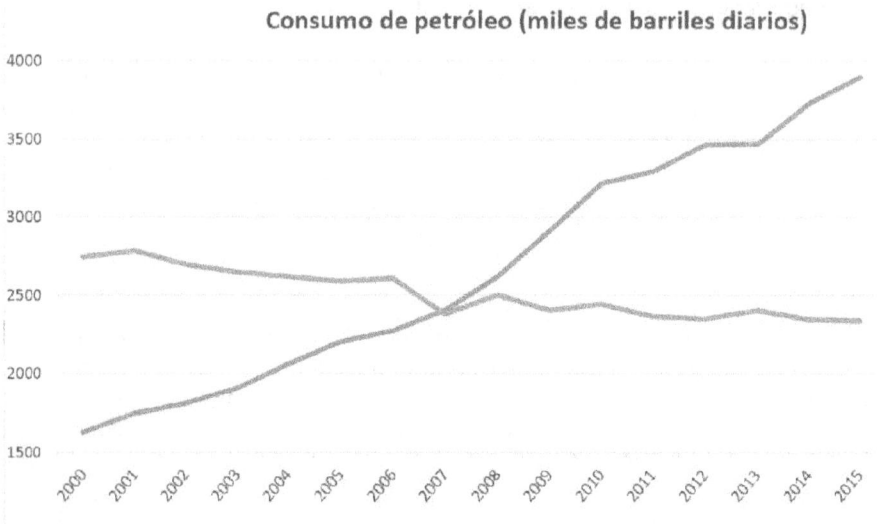

Consumo de petróleo de Alemania y Arabia Saudí.

Esto hace que cada alemán consuma poco más de 10 barriles por persona y año; mientras que en Arabia Saudí se consume una media de casi 46 barriles por persona y año. La relación es superior a 4 a 1.

Otros países

En la tabla mostrada en este gráfico hay dos tipos de países: Los desarrollados en los que su consumo se ha mantenido estable con ligeras disminuciones (Estados Unidos, Alemania, Japón, Corea del Sur y Canadá). Estos estarían representados por el gráfico de los Estados Unidos, aunque la producción de Japón, Alemania y Corea del Sur es prácticamente nula, mientras que la de los Estados Unidos y Canadá aumenta a buen ritmo.

Y en la otra parte, estarían las potencias emergentes, con consumos aumentando fuertemente y con sus producciones estancadas o subiendo débilmente. Estos son: China, India, Rusia, Arabia Saudí y Brasil; por tanto, necesitando importar cada vez más como India y China o exportando cada vez menos como Arabia Saudí o Rusia. Brasil ya se comentó, aumenta su

Las tres crisis

producción, pero aumenta su consumo, por lo que importa poco, pero nunca llegará al auto-abastecimiento.

Total Mundial

El total mundial de consumo pasa de los 93,109 mbd de 2014 a más de 95 mbd, exactamente 95,008 mbd en 2015 con un incremento del 1,9% lo cual no deja de ser paradójico que en el mundo año tras año se consuman unos cuantos mbd más de barriles de los que se producen.

Estas diferencias entre estas cifras de consumo mundial y las estadísticas de la producción mundial se contabilizan por cambios en las existencias, el consumo de aditivos distintos del petróleo y combustibles de sustitución, y las disparidades inevitables en la definición, la medición o la conversión del suministro de petróleo y de los datos de demanda.

Exportación mundial de petróleo

La exportación mundial de petróleo continúa aumentando, si nos atenemos a las estadísticas. Pero en 2008 sucedió algo significativo: las exportaciones mundiales de petróleo disminuyeron cosa que no sucedía desde 1987; desde entonces (2008) el ritmo de incremento, aunque ha aumentado algunos años, no lo ha hecho como en años anteriores; el incremento es titubeante y solo superó los valores máximos de 2007 en 2013. Superando por primera vez los 60 mbd en 2015.

La disminución de los años 80 fue debida a los problemas políticos y militares (guerra Irán-Irak) en Oriente Medio con el consiguiente encarecimiento del petróleo en aquella época.

Las tres crisis

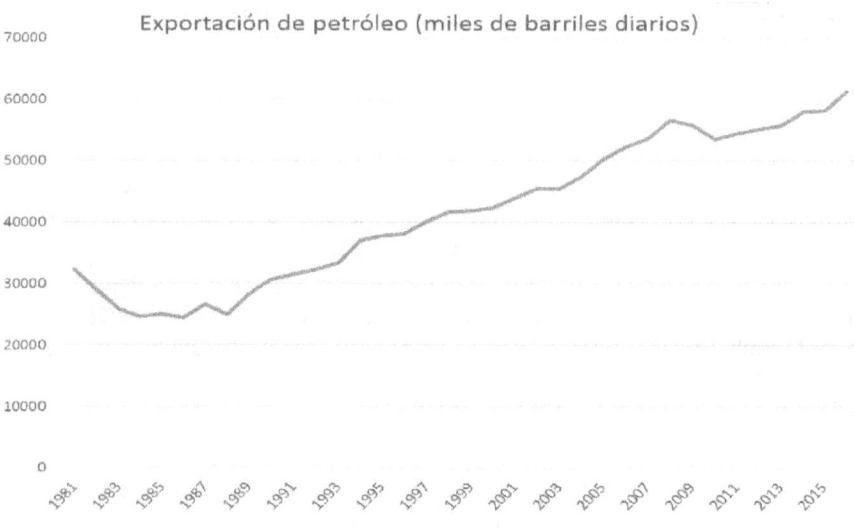

Exportación mundial de petróleo.

Hoy en día el problema no es la guerra, pues en la zona, aunque siempre hay tensiones, estas no impiden que se exporte petróleo a buen ritmo, tal y como se puede ver en los datos.

Esta vez el problema es más estructural que coyuntural y se debe a que los principales países productores han comenzado a ralentizar el incremento de su producción (aunque en 2015 repuntó por la fracturación hidráulica y otros desarrollos), al mismo tiempo que su desarrollo interno les ha convertido a la vez en grandes consumidores. De tal forma, que buena parte de su producción interna se consume en el propio país, como ya se habló de Rusia y Arabia Saudí. Esto impide que las exportaciones aumenten, a pesar de que la producción sigue aumentando.

A continuación, se muestran unas tablas con los principales exportadores mundiales donde se puede ver la evolución de cada país. Se ha considerado que el petróleo disponible para exportar es lo producido menos lo consumido, pero esto es incorrecto. Países productores como Estados Unidos que importa grandes cantidades de crudo también exporta, lo cual obedece más a las leyes del mercado y las empresas privadas que a la lógica. Pero la diferencia entre lo producido y lo consumido es bastante significativa, pues cualquier país que

Las tres crisis

exporte más de lo que produce se verá obligado a importar la cantidad faltante de otro lugar.

Los datos de los 11 primeros países exportadores se presentan en la siguiente tabla:

Producción de petróleo principales exportadores del mundo (miles de barriles diarios)											
	2005	2006	2007	2008	2009	2010	2011	2012	2013	2014	2015
Canadá	3041	3208	3290	3207	3202	3332	3515	3740	4000	4278	4385
México	3767	3692	3481	3167	2980	2961	2942	2912	2876	2785	2588
Venezuela	3308	3336	3230	3222	3033	2838	2758	2701	2678	2685	2626
Rusia	9597	9818	10043	9950	10139	10366	10518	10639	10779	10838	10980
Noruega	2961	2772	2551	2466	2349	2136	2040	1917	1838	1889	1948
Arabia Saudí	10931	10671	10268	10663	9663	10075	11144	11635	11393	11505	12014
Irán	4216	4290	4333	4361	4250	4420	4466	3814	3611	3736	3920
Irak	1833	1999	2143	2428	2452	2490	2801	3116	3141	3285	4031
Kuwait	2668	2737	2661	2786	2500	2561	2915	3171	3134	3120	3096
EAU	2919	3098	3002	3027	2725	2895	3320	3403	3640	3685	3902
Nigeria	2527	2433	2314	2134	2234	2535	2476	2430	2321	2389	2352

Producción de petróleo de los principales exportadores del mundo.

Muchos países aumentan su producción, pero Noruega disminuye fuertemente su producción debido al agotamiento de los yacimientos del mar del Norte; lo mismo le sucede a México como se verá después. Venezuela también disminuye su producción, y no está claro si es por motivos políticos, geológicos o ambos. La disminución de Irán parece más bien por motivos políticos y también disminuye en Nigeria.

Los grandes productores aumentan su producción, lo que compensa la disminución de los demás. Pero si tenemos en cuenta los consumos internos de estos países, la tabla resultante es esta:

Las tres crisis

Consumo de petróleo principales exportadores del mundo (miles de barriles diarios)											
	2005	2006	2007	2008	2009	2010	2011	2012	2013	2014	2015
Canadá	2288	2295	2361	2315	2189	2324	2404	2372	2383	2371	**2322**
México	2030	2019	2067	2054	1996	2014	2043	2063	2020	1941	**1926**
Venezuela	606	668	640	716	726	726	737	792	815	781	**678**
Rusia	2647	2762	2780	2861	2775	2878	3074	3119	3145	3255	**3113**
Noruega	224	229	237	228	237	235	239	235	243	232	**234**
Arabia Saudí	2203	2274	2407	2622	2914	3218	3295	3462	3469	3732	**3895**
Irán	1699	1851	1879	1954	2008	1875	1904	1915	2048	2013	**1947**
Kuwait	411	378	383	406	455	486	465	487	513	514	**531**
EAU	502	539	576	603	594	645	722	751	765	832	**901**

Consumo de petróleo de los principales exportadores del mundo.

No hay datos de Nigeria ni de Irak, pero sus consumos son poco significativos comparados con su producción. Casi todos los países aumentan su consumo interno. Es llamativo el caso de Arabia Saudí y Rusia de los que ya se ha hablado anteriormente. Kuwait y EAU, aunque aumentan sus consumos, aumentan aún más su producción. El consumo de Noruega apenas es significativo para su producción. México disminuye ligeramente su consumo peor no compensa su caída de producción.

La diferencia entre ambas tablas se muestra a continuación con una fila final de suma de los 11 países tratados y otra suma del total general mundial.

Las tres crisis

Disponible para exportar. Principales exportadores del mundo (miles de barriles diarios)											
	2005	2006	2007	2008	2009	2010	2011	2012	2013	2014	2015
Canadá	753	913	929	892	1013	1008	1110	1368	1616	1907	2063
México	1738	1673	1413	1113	984	947	899	849	855	844	662
Venezuela	2702	2668	2590	2506	2307	2112	2021	1909	1862	1904	1948
Rusia	6950	7056	7263	7089	7364	7488	7444	7519	7634	7582	7867
Noruega	2737	2543	2313	2239	2112	1901	1801	1682	1595	1656	1714
Arabia Saudí	8728	8397	7861	8041	6750	6857	7849	8172	7924	7773	8119
Irán	2516	2440	2454	2407	2242	2545	2561	1899	1563	1722	1973
Irak	1833	1999	2143	2428	2452	2490	2801	3116	3141	3285	4031
Kuwait	2257	2359	2278	2380	2045	2075	2450	2684	2621	2606	2565
EAU	2417	2558	2426	2424	2130	2251	2598	2652	2875	2853	3001
Nigeria	2527	2433	2314	2134	2234	2535	2476	2430	2321	2389	2352
Total	35160	35039	33984	33652	31633	32210	34010	34280	34006	34521	36295

Petróleo disponible (producción menos consumo) para la exportación de los principales exportadores del mundo.

Se observan descensos significativos en México, Venezuela, Noruega; Irán, después de un fuerte descenso por un bloqueo económico, aumenta de nuevo, pero sin llegar a los valores anteriores. Y Nigeria se encuentra en una meseta ondulante.

A nivel general, la suma de los 11 países principales se ve que sigue una línea ondulante con poca tendencia a subir, a pesar de los últimos años un poco más positivos, en el medio de la serie hubo una bajada inquietante correspondiendo con la crisis.

Las tres crisis

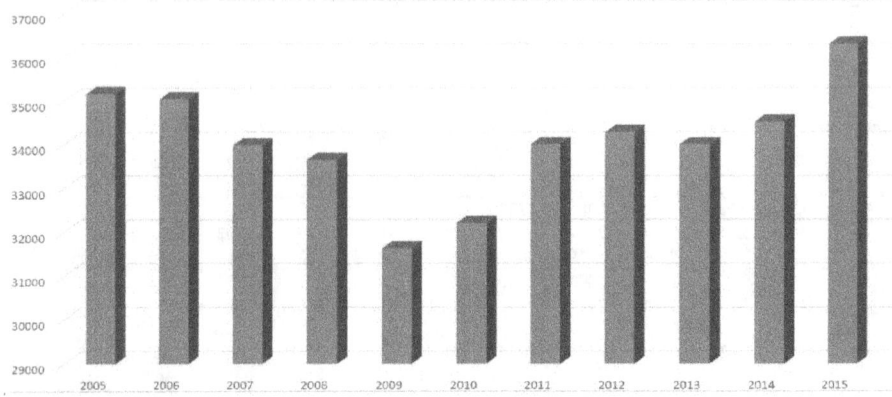

Petróleo disponible para exportación en países exportadores (miles de barriles diarios)

Petróleo disponible (producción menos consumo) para la exportación de los principales exportadores del mundo.

Si consideramos el total general, el petróleo disponible para exportación de los últimos iguala o incluso supera los valores anteriores, pero deja ver claramente una disminución desde 2007, que se invirtió en 2010. Está por ver si estas cantidades libres para la exportación se mantendrán mucho tiempo.

Si las exportaciones no han caído de forma más evidente, ha sido por la compensación debida a los incrementos en la producción de los grandes países productores como Arabia Saudí, Rusia, EAU, Irak y Kuwait, y a otros incrementos en otros países debidos a los desarrollos no convencionales. A pesar de ello, la cantidad total a exportar ha sido capaz de superar los niveles de 2005, aunque presumiblemente será por un corto espacio de tiempo.

Si lo analizamos por países, el caso de Noruega es llamativo. Se muestra a continuación la gráfica producción-consumo de Noruega:

Las tres crisis

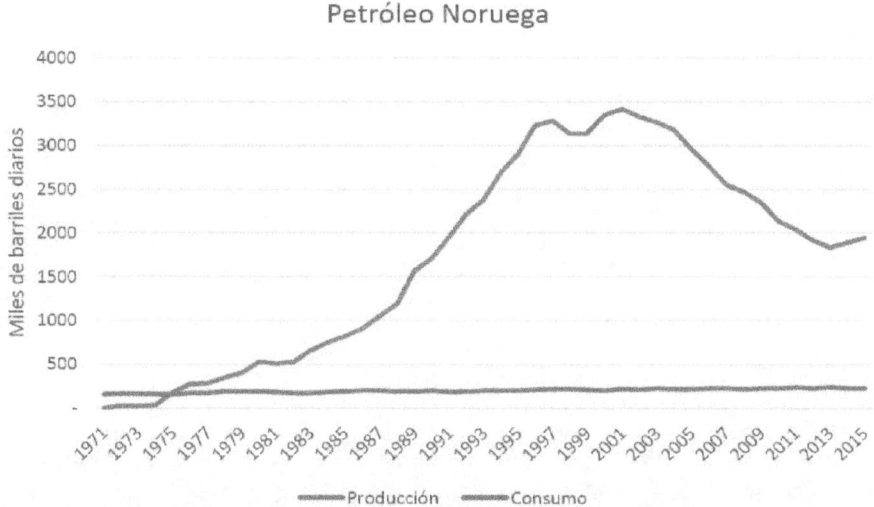

Consumo y producción de petróleo de Noruega.

Aunque los consumos no son significativos, la producción ha caído considerablemente a pesar del pequeño repunte del último año, por lo que la cantidad para exportar disminuye año a año, excepto estos últimos años han conseguido aumentar la producción ligeramente, aunque ya lejos de la producción del principio del siglo XXI. Lo mismo le sucede a México con un consumo interno que ya casi se come toda la producción. Es el país de la lista que más ha reducido la cantidad disponible para exportar y tal vez el primer gran exportador de la lista que pronto pasará a importador.

Las tres crisis

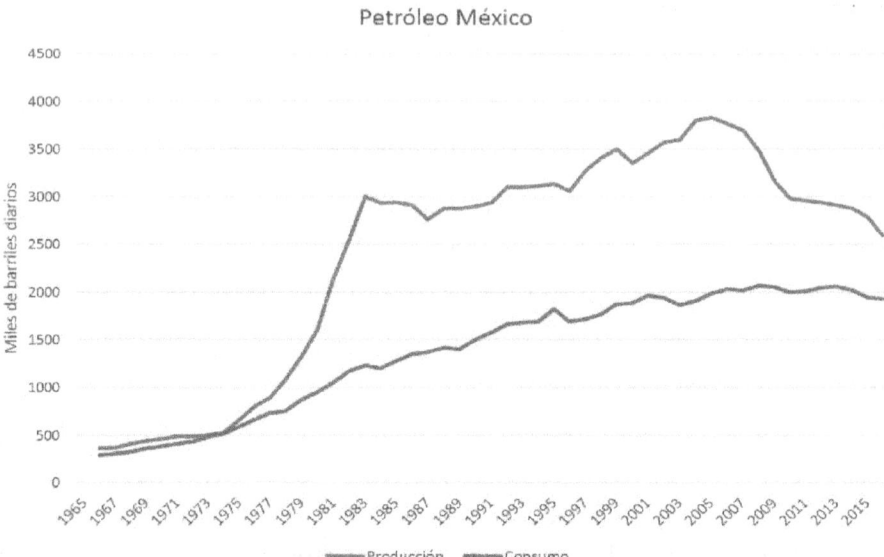

Consumo y producción de petróleo de México.

El caso de Arabia Saudí es llamativo por el fuerte incremento del consumo interno a pesar del aumento de su producción.

Las tres crisis

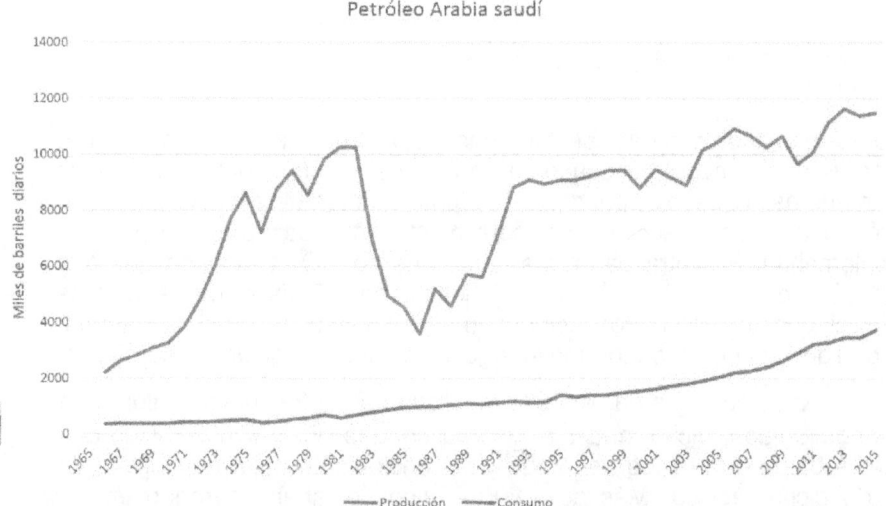

Consumo y producción de petróleo de Arabia Saudí.

Todo esto comentado apenas es un problema para los países citados, si exceptuamos los productores medianos que van pasando de productores a consumidores, como el caso de Gran Bretaña, cosa que en próximos años le puede suceder también a México. El problema es más bien para los países importadores que son los que pueden ver disminuido el flujo de importaciones de crudo y a su vez experimentar este un fuerte incremento en los precios o incluso llegar al desabastecimiento. Si un productor como México decide reservar para sí la producción existente de cara al futuro, aunque el impacto a nivel mundial sea pequeño, se corre el riesgo de que le sigan otros países productores, con el consiguiente desplome del petróleo disponible para exportaciones y, por tanto, su escasez puede empezar a ser un problema serio en los países importadores. Aunque esto no suceda, el paulatino agotamiento de reservas se encargará de sacar de la lista de exportadores cada vez a más países, con lo que el efecto será similar, aunque un poco más suave y más retrasado en el tiempo.

Los países importadores de petróleo deben tomar medidas a corto o medio plazo en previsión de una disponibilidad cada vez menor de petróleo en el mercado y de precios cada vez más imprevisibles.

Las tres crisis

Situación energética global[5]

Los últimos dos años han representado una revolución en el mundo energético después de un relativo estancamiento en la sucesión de acontecimientos de años anteriores; la revolución de la fracturación hidráulica estadounidense alcanzó presumiblemente su máxima cota mientras que los precios del petróleo se desplomaban. Por otra parte, las emisiones de CO_2 se estima que han crecido a una de sus tasas más bajas de los últimos 15 años. En general, se puede decir que junto con otros factores que actúan en el mundo de la energía, se pueden destacar en el panorama energético actual los siguientes elementos:

En primer lugar, como se ha dicho, la revolución de la fracturación hidráulica en Estados Unidos, dicha industria tuvo su apogeo en el año 2014, lo que provocó la caída de precios del crudo y la consiguiente baja rentabilidad de nuevo de dicha técnica. Más de 1.800 equipos estaban operando en los principales yacimientos de petróleo y gas de Estados Unidos, perforando alrededor de 40.000 nuevos pozos. La inversión de capital en la industria de la fracturación hidráulica se estima que alcanzó cerca de 120.000 millones de dólares en 2014, lo que representaba más del doble de la inversión cinco años atrás.

La producción de petróleo en Estados Unidos aumentó en 1,6 mbd en 2014, con mucho, el mayor crecimiento en el mundo, y otros 0,981 mbd en 2015 lo que supuso de nuevo el mayor aumento mundial. Es la primera vez que un país ha aumentado su producción en más de 1 mbd durante tres años (prácticamente cuatro si contamos los 0,981 mbd de 2015).

Como resultado, la producción de petróleo en 2014 superó el nivel máximo anterior de la producción de Estados Unidos establecido en 1970. Además, los Estados Unidos pasaron tanto a Arabia Saudí como a Rusia convirtiéndose de este modo en el mayor productor de petróleo del mundo, título que no ostentaba desde 1975.

El gas natural procedente de la fracturación hidráulica también aumentó con fuerza. La producción de Estados Unidos representa casi el 80% del aumento total de los suministros de gas a nivel mundial. En los últimos diez años, el gas natural procedente de la fracturación hidráulica en los Estados Unidos ha sido

Las tres crisis

responsable de más de la mitad del aumento del suministro mundial de gas natural.

Los Estados Unidos alcanzaron a Rusia en 2009 pasando a ser el mayor productor mundial de gas y en 2014 también de petróleo, superando a Arabia Saudí. Los Estados Unidos ya no son el mayor importador de petróleo del mundo, ahora el mayor importador es China.

En 2007, justo antes de la crisis financiera, los Estados Unidos tenían un déficit en cuenta corriente de 5% de su PIB. Las importaciones de energía de Estados Unidos representaban casi la mitad de ese déficit. Siete años después, en 2014, las importaciones de energía de Estados Unidos comprendían solo el 1% del PIB, y la producción de este país representó casi el 90% de sus necesidades de energía.

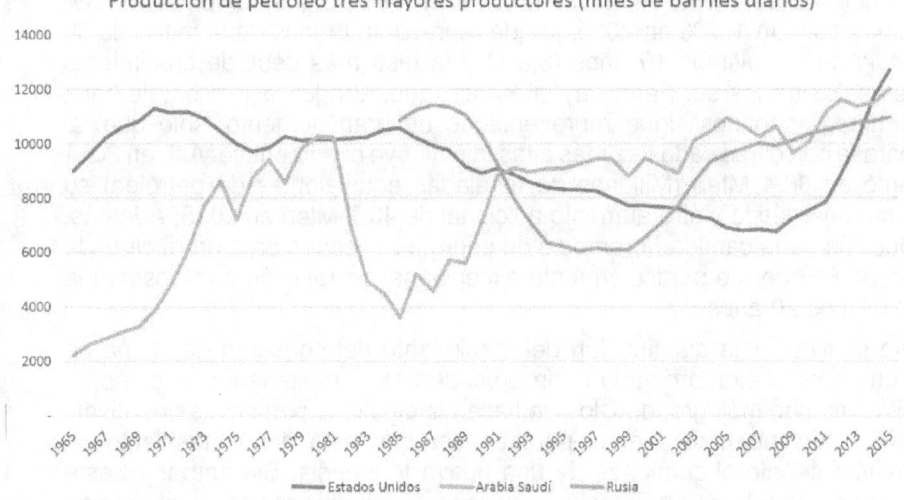

Producción desde 1965 (Rusia desde 1985) de los tres principales productores del mundo.

Todo este optimismo se puede ver truncado por la desinversión que se está produciendo debido a los nuevos precios bajos del crudo, debidos a su vez a esta relativa sobreabundancia y a otra crisis de demanda adicional. 2014 marcó el apogeo; en 2015 la producción siguió aumentando, pero comenzó a dar

Las tres crisis

signos de ralentización y habría sido mayor si se hubieran mantenido los precios altos; en 2016 la producción de los Estados Unidos ya disminuye, pues el número de pozos ha comenzado a caer vertiginosamente debido a la desinversión provocada por los bajos precios.

El segundo factor que afectó a los mercados energéticos mundiales estos últimos años fue la ralentización del crecimiento de China. El crecimiento del PIB de China alcanzó el 7,4% en 2014, y el 6,9% en 2015, crecimientos significativamente más bajos (en términos relativos) que las tasas de crecimiento superiores al 10% de años anteriores.

El crecimiento en la mayoría de los sectores de gran consumo energético de China (como el acero, el hierro y el cemento) han disminuido apreciablemente en 2014 y 2015. Este patrón de crecimiento económico cada vez más bajo ha hecho que el crecimiento del consumo de energía de China aumente un 2,6% en 2014 y solo un 1,5 % en 2015, lo que representa menos de la mitad de su promedio en los últimos 10 años (6,6%) y la tasa más débil de crecimiento desde finales de los 90. Pero, hay que notar que, aunque el porcentaje bajo, en términos absolutos sigue representando un gran aumento, solo que, al comparase con cifras cada vez más altas, disminuye el porcentaje. Así, en 2014 aumentó en 66,4 Mtep (Millones de toneladas equivalentes de petróleo) su consumo energético y otro aumento adicional de 43,7 Mtep en 2015. Además, la reducción de la cantidad promedio de energía necesaria para producir cada unidad de PIB no fue particularmente excepcional en relación a la observada en los últimos 20 años.

En ese sentido, esta disminución del crecimiento del consumo de China no tiene un aspecto extraordinario o sin precedentes. Simplemente se compara con cifras mucho más grandes, lo que hace disminuir los porcentajes relativos. Por tanto, hay buenas razones para pensar que este ritmo más lento de crecimiento señale el comienzo de una nueva tendencia. Sin embargo, este crecimiento más bajo ha puesto nerviosos a los inversores y al mundo financiero, lo que puede anticipar otra crisis y una caída adicional de la demanda.

El tercer factor es el clima y el medio ambiente.

Las preocupaciones del clima fueron obvias en estos últimos años (ver en este mismo libro los capítulos dedicados al cambio climático) y se ha colocado entre las preocupaciones ambientales más grandes, con una serie de anuncios

Las tres crisis

regulatorios significativos, entre ellos, tanto en los Estados Unidos como en China. Estas iniciativas políticas, junto con el cambio de preferencias sociales y mejoras tecnológicas, tienen una influencia importante en el mix energético y el papel de los combustibles no fósiles.

En cuanto a las reservas de combustibles fósiles, el panorama general sigue siendo de reservas abundantes, unido a nuevas fuentes de energía que se descubren más rápidamente de lo que se consumen. El total de reservas probadas de petróleo y gas en 2015 fue más del doble de su nivel en 1980.

El problema en este aspecto más que en las reservas, se encuentra en su extracción, pues estas cada vez son de extracción más difícil al estar más profundas, más remotas o embebidas en rocas no porosas (fracturación hidráulica), lo que las hace menos rentables económicamente y más destructivas para el medio ambiente, eso sin contar sus efectos sobre el clima al liberar todo ese CO_2 nuevo a la atmósfera. Da la impresión de que muchas reservas se quedarán sin extraer no por falta de voluntad, sino simplemente porque no será económicamente rentable hacerlo. Un claro ejemplo de esto es la acusada disminución de la producción de carbón a pesar de sus abundantísimas reservas.

Las principales características de los últimos años

El panorama más importante de estos últimos años ha sido un crecimiento sorprendentemente débil de la demanda energética, junto con una menor capacidad de recuperación en el crecimiento de la producción y el consiguiente hundimiento de los precios energéticos.

El crecimiento del consumo de energía primaria creció el 0,9% y el 1% en 2014 y 2015 respectivamente, lo que supone el crecimiento más lento de la demanda de energía desde finales de los años 90 (excluyendo crisis financieras). Como en gran parte de la década pasada, todo el aumento de la demanda fue de las economías emergentes, mientras que el consumo de energía en los países de la OCDE sigue bajando o estancado. Esto no debe confundirnos y hacernos creer que los países de la OCDE son más eficientes energéticamente; simplemente, la deslocalización ha trasladado las fábricas de gran consumo energético a países fuera de la OCDE, mientras que los ciudadanos de la OCDE siguen consumiendo esos productos fabricados en el extranjero.

Aun así, la debilidad general de la demanda de energía no se limitó únicamente a China.

Las tres crisis

El aumento de energías renovables y no fósiles alcanzó un máximo histórico de más del 15% en 2015. La producción total de energía primaria creció un 1% en 2015, un 1,4% en 2014, similar al de 2013 (1,6%), pero más débil que su promedio de 10 años (2,2%).

Combustible por combustible

Petróleo

El aumento en el consumo de petróleo en 2015 estuvo muy cerca de su promedio histórico reciente. No hay nada de excepcional en el crecimiento de la demanda de 2015. Sin embargo, el crecimiento de la oferta el año pasado, con un aumento de la producción mundial en más de 2 Mb/d, supuso más del doble de su promedio de 10 años, lo que contribuyó a una fuerte caída de los precios del petróleo.

Este aumento de producción fue impulsado por la producción tanto fuera de la OPEP con un 2,4% como dentro de la OPEP con un 4,2%, lo que supone un aumento espectacular respecto a 2014. La producción estadounidense y de Canadá registraron grandes aumentos en 2014 y en 2015, también aumento la producción en Brasil. La producción de Estados Unidos y Arabia Saudí alcanzó máximos históricos para estos países.

La extraña calma que invadió los mercados petroleros durante 2011-2013 fue debida a dos fuerzas que se compensaron entre sí: El petróleo extra procedente de la fracturación hidráulica y, al mismo tiempo, la disminución del suministro de Oriente Medio y del norte de África por los acontecimientos en torno a la primavera árabe. El efecto neto fue que la oferta mundial de petróleo aumentó en un promedio anual de poco más de 1Mbd en 2011 a 2013, en línea con el consumo global.

Ese acto de equilibrio se rompió en 2014. El crecimiento excepcional de la oferta fuera de la OPEP superó las interrupciones de suministro que, junto con un debilitamiento en el crecimiento del consumo de petróleo en relación con 2013, condujeron a un creciente desequilibrio entre la oferta y la consiguiente acumulación de inventarios. Los inventarios de petróleo de la OCDE comenzaron a niveles relativamente bajos, pero aumentaron de manera constante a lo largo del año 2014, aumentando en casi 150 Mb más en su conjunto. Esta acumulación de reservas ha sido la más pronunciada en los

Las tres crisis

Estados Unidos, con los inventarios de crudo comercial en sus niveles más altos desde 1930.

El impacto en el precio de este desequilibrio entre la oferta y la demanda fue que los precios comenzaron a caer en 2014, así el Brent de precio promedio de 109 $/barril en el primer semestre de 2014, cerca de su promedio de 2013, alcanzó su punto máximo en la segunda mitad de junio desde principios de 2011. En otoño, el Brent descendió hasta alrededor de 80 $/barril. La decisión de la OPEP de mantener sus niveles de producción y proteger su cuota de mercado hizo que los precios cayeran bruscamente, terminando el año el Brent alrededor de 55 $/barril. En 2015 hubo caídas adicionales en los precios que los llevaron por debajo de los 30 $/barril durante un corto periodo de tiempo y luego se estabilizaron en torno a 50 $/barril durante 2015 y 2016.

Del mismo modo, el mercado parece estar respondiendo ahora a todo ese exceso generado por aquellas inversiones. Por tanto, estos precios bajos pueden hacer reaccionar el mercado a la inversa; de hecho el número de plataformas petroleras estadounidenses se ha reducido a la mitad desde su pico en octubre del año 2014, lo que en el futuro inmediato puede provocar una disminución de las extracciones y el consiguiente aumento del precio del crudo.

Gas natural

La producción de gas mundial ha continuado creciendo, aunque a un ritmo ligeramente menor que en años anteriores, creció un 2,2% en 2015, mientras que la demanda crece aún más despacio 1,7% en 2015 y mucho menos en 2014.

La debilidad de la demanda mundial de gas está impulsada en gran parte por la demanda de la Unión Europea que se redujo en casi un 12% (-51 millones de metros cúbicos) en 2014 y aunque aumentó en 2015 lo hizo con un escueto 4,6 % hace que el consumo de gas en Europa retroceda a niveles desde mediados de los años 90. Una gran parte de este bajo consumo parece provenir de los inviernos excepcionalmente suaves disfrutados en Europa los últimos años. Esto pone de manifiesto cómo el cambio climático afecta también a los mercados energéticos.

Sin embargo, en los Estados Unidos, la producción de gas sigue aumentando a un ritmo cercano al 6 %, casi el doble de su promedio de 10 años, lo que representa casi el 80% del aumento de la producción mundial de gas. Todo ese

Las tres crisis

crecimiento se debió a los aumentos en el gas procedente de la fracturación hidráulica.

Carbón

La rápida industrialización de China provocó que el carbón fuera el combustible fósil de más rápido crecimiento en los primeros 10 años más o menos de este siglo. Hasta que la demanda china frenó bruscamente y el carbón se convirtió en el primer combustible fósil en pasar por su pico en contra de todas las predicciones. 2015 ha sido el segundo año consecutivo en el que la producción mundial de carbón ha descendido, nada menos que un 4% en 2015.

Probablemente este descenso no se deba a la falta de reservas y, por tanto, no sea el "pico" de producción mundial de carbón, pero las dificultades cada vez más grandes para quemar carbón, sobre todo por su alta tasa de contaminación, así como su poder calorífico cada vez más bajo, puede que hayan convertido al carbón en "el primero de la lista" de combustibles en declive. Esto confirmaría que el pico nada tiene que ver con las reservas, sino más bien con la rentabilidad económica de su extracción y utilización.

El consumo de carbón de China, que se estima que se ha estancado, esencialmente desde 2014, con un ligero descenso que aumentó al 1,5 % de caída en 2015, contrasta con un crecimiento de casi el 6% en los 10 años anteriores. La producción de carbón de China es aún más débil, cayendo un 2,6% en 2014 y un 2% adicional en 2015.

Se estima que el carbón perdió participación en el sector energético, en parte como resultado del excepcionalmente fuerte crecimiento de la energía hidroeléctrica de China (15,7% en 2014 y un 5% adicional en 2015), debido a la nueva capacidad que entró en funcionamiento.

Fuera de China, la India proporciona la principal fuente de crecimiento para el mercado mundial de carbón, donde tanto el consumo (11,1%, 36 Mtep en 2014 y 4,8%, 18,5 Mtep en 2015) tanto como la producción (6,4% en 2014 y 4,7%, en 2015) crecieron con fuerza y registró los mayores incrementos de la demanda mundial y oferta de carbón.

La gran mayoría de la creciente demanda de carbón en la India vino del sector de la energía, lo que permite que generación total de energía en la India aumente en casi un 10% en 2014, su tasa más fuerte de aumento desde 1989.

Las tres crisis

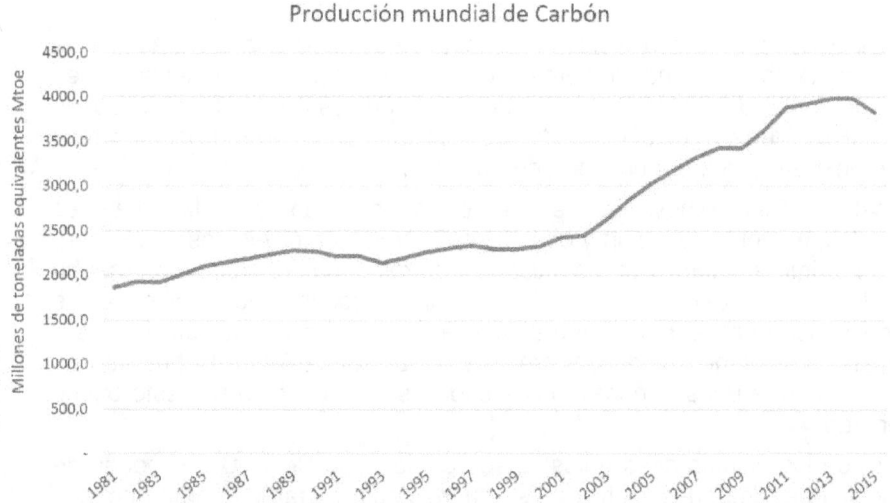

Producción mundial de carbón.

Combustibles no fósiles

A pesar de un contexto de desaceleración de la demanda de energía y el débil crecimiento en los combustibles fósiles, los combustibles no fósiles siguieron creciendo fuertemente, aumentando un 15,2 % en 2015, muy por encima de su promedio de 10 años (3,2%). Los combustibles no fósiles proporcionan una mayor contribución al crecimiento global de la energía que los combustibles fósiles por primera vez desde hace 20 años, con la excepción de que la economía mundial ha estado en recesión. Esto a pesar del hecho de que los combustibles no fósiles representaron menos del 15% de la energía primaria total.

La energía hidroeléctrica mundial creció un 2,0% en 2014 y un 1% en 2015, con un promedio más lento que el de los últimos 10 años (3,3%). Este crecimiento agregado enmascara diferencias muy importantes en todo el mundo.

Las tres crisis

¿Significa todo esto que el pico del petróleo queda lejano?
Es difícil de contestar, pero si este incremento se debe precisamente a la salida al mercado de todos los nuevos proyectos que se han puesto en desarrollo en los últimos años debido a los altos precios sostenidos del crudo, entonces el futuro del petróleo parece claro: cada vez más caro, cada vez más lejano y más difícil de extraer y de peor calidad energética.

Si el petróleo fuera renovable, las leyes del mercado son sencillas: mayores desarrollos, mayor producción y descenso de precios a niveles estables, pero como la primera suposición es falsa, el petróleo no es renovable, se ha cumplido toda la cadena del mercado, excepto el descenso de precios, ya que este descenso dejaría fuera del mercado a desarrollos no convencionales y provocaría una fuerte subida del precio y desabastecimiento. El petróleo no está caro porque unos señores malos suben su precio, sino por esto último comentado.

A pesar de los últimos desarrollos, casos como el de Reino Unido ponen de manifiesto que "de donde no hay no se puede sacar" y tarde o temprano esto sucederá a nivel mundial.

Arabia Saudí tiene muchos campos petrolíferos, pero depende de un solo campo hiper-gigante (Ghawar) que concentra la mayoría de las reservas y producción del país. Dicho campo es muy viejo, se explota desde los años 50 del siglo XX y cuando su producción comience a descender, será muy difícil compensarla con otros campos, pero al ser tan grande su descenso será muy suave. Probablemente, cuando Ghawar pase por el pico, lo hará Arabia Saudí, y con ella el mundo entero.

Rusia tiene una producción demasiado grande para las reservas que posee, por lo que se espera un pronto y acusado descenso de su producción. No deja de ser significativo que en estos años de bonanza y alta tecnología no haya sido capaz de superar la producción máxima de la era soviética: 11,416 mbd en 1987.

Solo este hecho (el descenso en la producción de Rusia) ya supondría un gran problema, pues muchos o la mayoría de los productores medios tienen producciones descendentes con consumos internos crecientes. El mundo en general cada vez depende más de menos exportadores y de las propias reservas internas de cada país.

El futuro de la producción mundial no parece muy halagüeño a pesar de este reciente aumento tan acusado.

Las tres crisis

Mantener el consumo de China exigirá unos fuertes incrementos en la producción que no podrán ser satisfechos por ningún país puesto que Arabia Saudí y Rusia, los dos mayores productores actualmente, se están comiendo buena parte de su producción y en el futuro consumirán aún mayor porcentaje que actualmente. Ya se dibujó un futuro sombrío cuando se habló de exportación y ahora con el consumo. A pesar de la disminución de consumo en los países desarrollados, no pinta un futuro muy bueno a no ser que estos nuevos países consumidores, llegado a un consumo determinado, lo estabilicen y permanezca este constante.

Los acontecimientos de estos últimos años indican cambios importantes: sobreabundancia de petróleo y gas, mientras que se confirma un mucho menor crecimiento económico en China con una posible crisis a corto o medio plazo.

A pesar de la esperada reducción de producción para este 2016 y 2017 procedente sobre todo de la fracturación hidráulica, y debido a la desinversión, es previsible que durante 2016 y tal vez 2017 los precios del petróleo y gas sigan bajos; a causa de una caída adicional de la demanda por la crisis china, aunque poco a poco los precios irán remontando y, al mismo tiempo, haciéndose cada vez más inestables, con fuertes variaciones según los acontecimientos. Parece una espiral de caída de la oferta-demanda en toda regla, lo paradójico es que se da con sobreabundancia de combustibles fósiles. La clave, por tanto, tal vez no esté en la cantidad, sino más bien en la calidad, como ya parece quedar claro con el carbón. El petróleo y gas de la fracturación hidráulica han inundado el mercado, pero su calidad energética es mucho más baja que los convencionales y esto no lo miden los mercados, aunque si la economía real.

Resulta difícil ver el pico del petróleo con el mercado inundado, pero es mucho más visual si nos imaginamos que el petróleo convencional está casi agotado y la fracturación hidráulica es como rebañar el plato.

Las tres crisis

Segunda crisis. Cambio climático

Calentamiento global

"32 °C en la costa ártica, casi 40 °C en Moscú, la taiga ardiendo, la turba milenaria ardiendo, la temperatura casi 10 °C por encima de lo normal durante más de un mes.

El 20% de Pakistán inundado, 20 millones de desplazados por inundaciones, miles de muertos. Una ola de calor en la India en mayo y junio, con temperaturas máximas promedio que superaron los 42 °C ampliamente y los 45 °C en algunas zonas. El sur de Pakistán superó los 40 °C en junio.

Las olas de calor afectaron a Europa, norte de África y el Medio Oriente al final de la primavera y el verano, con muchos nuevos récords de temperatura establecidos. En mayo, las altas temperaturas afectaron a Burkina Faso, Níger, Marruecos, España y Portugal. Julio trajo olas de calor a un área grande desde Dinamarca en el norte, hasta Marruecos en el sur e Irán en el este. A principios de agosto, Jordania experimentó una ola de calor, mientras que Wroclaw (Polonia) experimentó la temperatura más alta de todos los tiempos con 38,9 °C el 08 de agosto. El calor continuó en septiembre, desplazándose más hacia Europa del Este..."

Si alguien hubiera predicho estos acontecimientos para el futuro debido al calentamiento global, no se habría dudado en tacharlo de catastrofista y de poco realista. Pero se trata de acontecimientos que sucedieron en 2010[6] (dos primeros párrafos) y en 2015[7] (resto).

Según la Agencia estadounidense del Océano y la Atmósfera (NOAA, por sus siglas en inglés), el planeta nunca fue tan caliente como en los últimos años. De hecho, cada año que pasa es ya prácticamente el más cálido desde que hay registros.

En Rusia existe un archivo de condiciones meteorológicas y de situaciones anormales de los últimos mil años. Aunque es posible decir que no haya habido otra ola de calor similar a esta en Rusia durante los últimos mil años, el mes de julio de 2010 estuvo a más de 5 °C por encima de la media de temperaturas del periodo 1951-1980 en Europa del Este y la Rusia europea. La temperatura normal promedio de agosto en Moscú es de 21 °C, y hubo 28 días seguidos de temperaturas superiores a los 30 °C. La humedad de la tierra cayó a niveles que solo se observan una vez cada 500 años.

Las tres crisis

En este contexto, los expertos intentan comprender los eventos climáticos extremos.

Hay mucha gente, que no negando el calentamiento del clima, opina que un calentamiento de 0,8 ºC o 1 ºC en la temperatura media global en los últimos 100 años es algo minúsculo y de lo que no hay que preocuparse, tachando de "catastrofistas" a los que advierten lo problemático del asunto.

Y minúsculo es, si tenemos en cuenta que ese mismo grado centígrado es lo que puede subir o bajar la temperatura en apenas unos minutos sin que nos pase nada y apenas lo notemos.

La confusión está muy extendida y surge de confundir los conceptos "tiempo" y "clima" que mucha gente, (y por desgracia, muchos periodistas) consideran sinónimos, cuando no lo son.

El tiempo es lo que hace aquí ahora, en mi pueblo, en mi casa, si llueve, si chispea, si hace frio, etc. Eso es el tiempo.

El clima es la media de todo el "tiempo" que ha hecho, al menos, en los últimos 30 años. Lo que llueve en una región normalmente en noviembre, la temperatura que podemos encontrar en verano en Paris. Eso es clima.

Si sumamos todos los climas de todas las partes del mundo, podemos obtener la temperatura global. Pues eso es lo que ha subido cerca de 1 ºC en los últimos 100 años. Este grado centígrado ha hecho por ejemplo, que el hielo ártico en verano haya disminuido más de un 30% sobre las medias del periodo 1970/2000.

Esto es así, porque en las regiones donde normalmente había -0,5 ºC, en la actualidad en esa misma región en idénticas condiciones habría 0.5 ºC, y esa diferencia es suficiente para que en dicha región se pase de tener glaciares a no tenerlos, y eso ya no es un efecto tan pequeño.

Otro problema en el que no se piensa es que el sistema climático está lleno de...

bucles de retro-alimentación positiva. Por ejemplo: El hielo refleja luz y se mantiene frío, si se derrite un poco, refleja menos luz y se enfría menos, por lo que al estar más caliente se derrite más aún, acelerando el proceso.
Y bucles de retro-alimentación negativa. Por ejemplo: si hace más calor, se evapora más agua y se forman más nubes, y estas refrescan el ambiente, haciendo que se evapore menos agua.

Las tres crisis

Pues bien, todos estos bucles tienen "umbrales" que son como interruptores que hacen que prevalezca un efecto u otro, y todos los bucles funcionando juntos generan nuestro clima estable.

Si por algún motivo (en este caso antropogénico) cambiamos el clima ligeramente y superamos un umbral, podemos desencadenar una salida de equilibrio del sistema y llevarlo a un punto completamente diferente y desconocido, donde alcanzaría otro punto de equilibrio del que sería muy difícil sacarlo. El problema, es que, aunque conocemos muchos bucles, no conocemos todos, ni cómo interactúan entre ellos y mucho menos los umbrales de disparo que pueden sacar al sistema de su equilibrio.

Resumiendo: Un cambio en el clima de apenas 0,1 °C adicionales podría superar un umbral (imaginemos que el umbral oculto estaba en 0,9 °C) y esto llevaría el clima entero de la Tierra, que es altamente no lineal, a otro punto de equilibrio radicalmente diferente, tanto como para congelar el Caribe o hacer crecer palmeras en el Polo Norte. Por eso, es tan importante que el clima cambie lo menos posible.

El registro geológico nos habla de, al menos tres modos estables de funcionamiento del clima: un modo "glaciar", otro modo "interglaciar" y, finalmente un modo "tropical". Esto parece indicar que los bucles de realimentación negativa dominan y permiten climas estables durante miles o incluso millones de años, el problema es que cuando el sistema climático es forzado a partir de cierto umbral parecen dominar los bucles de realimentación positiva y el sistema oscila de un modo a otro. Por ejemplo, hace unos 22.000 años el clima estaba en modo "glaciar" y una serie de parámetros, al parecer orbitales, forzaron las temperaturas hacia arriba, hasta que en algún momento el calentamiento rebasó un umbral y el clima osciló hasta el modo "interglaciar".

Es decir, estos bucles descritos tienen "umbrales" que son como interruptores que hacen que prevalezca un efecto u otro, y todos los bucles funcionando juntos generan nuestro clima estable. Si por algún motivo (en este caso inducido por el hombre) cambiamos el clima ligeramente y superamos un umbral, podemos desencadenar una salida de equilibrio del sistema y llevarlo a un punto completamente diferente y desconocido, donde alcanzaría otro punto de equilibrio del que sería muy difícil sacarlo. Es decir, podríamos entrar en modo "tropical" o incluso en modo "glaciar".

El registro geológico muestra que muchos de estos cambios son graduales, a lo largo de miles de años, sobre todo, el paso de "interglaciar" a "glaciar" o de "tropical" a "glaciar", pero otro motivo de alarma es que parece que hay

Las tres crisis

evidencia geológica de que algunos de estos cambios son bruscos, se producen en apenas décadas. Esto parece suceder, sobre todo, en el cambio del modo "glaciar" a "interglaciar" y podría deberse al comportamiento no lineal de las capas de hielo, que tienden a colapsar pasado un determinado umbral de temperatura.

La alarma vendría más de la velocidad del cambio que del cambio en sí. Un mundo tropical sería muy bueno para la vida, pero cambiar a modo tropical en décadas tal vez no fuese agradable, aunque esto ya es más una cuestión de opiniones personales. Un cambio brusco sería pernicioso para el equilibrio ecológico, sobre todo, por la imposibilidad de adaptación de las especies y biotopos, produciendo extinciones masivas. Un cambio gradual sería irrelevante para la vida.

El cambio actual en torno a los 0,8 °C en 100 años equivale a 8 °C en 1000 años, lo que sin ser un cambio brusco es un cambio miles de veces más rápido que uno gradual. En principio, 0,8 °C no es motivo de alarma si dicho cambio se paraliza, pero no parece ese el caso ni lo que se puede esperar, mientras siga acumulándose CO_2 en la atmósfera.

Otro problema es que, aunque conocemos muchos bucles, no conocemos todos, ni cómo interactúan entre ellos y mucho menos los umbrales de disparo que pueden sacar al sistema de su equilibrio.

Causas

Dos de los acontecimientos narrados al comienzo de esta segunda parte, aunque aparentemente se trata de dos fenómenos distintos, el calor en Rusia y las inundaciones en Pakistán tuvieron un origen común: cambios en las denominadas corrientes de chorro a gran altura en la atmósfera.

Los corrientes que avanzan del oeste al este pueden oscilar del norte al sur formando las denominadas ondas de Rossby (Rossby wave) parecidas a meandros de río o pétalos de una flor.

Dichas ondas que suelen desplazarse al este, alterando la situación meteorológica en general, a mediados de julio se estancaron, lo que impidió el flujo de los sistemas meteorológicos normalmente móviles y creó condiciones favorables a las catástrofes naturales.

Se desconocen todavía las causas exactas que hacen estancar las olas Rossby, pero se cree que tiene relación con una menor fortaleza de la corriente de chorro y esta a su vez está relacionada con una menor diferencia de

Las tres crisis

temperatura a ambos lados de esta corriente. Algunos científicos creen que existe un vínculo entre el Sol y que las ondas se hagan persistentes. Sus estudios sobre series de datos de los últimos 350 años demuestran que el fenómeno es más frecuente cuando la actividad solar es más baja. Pero la comentada menor diferencia de temperatura a ambos lados de la corriente, además de por una baja actividad solar, puede venir dada por el fenómeno de la amplificación ártica que se explicará posteriormente y que está directamente relacionado con el calentamiento global.

En los últimos años, el fenómeno se ha hecho muy frecuente; a él se atribuyen, en particular, una gran cantidad de eventos extremos en ambos sentidos. Pues donde la corriente queda anclada con entrada de borrascas, se producen inundaciones y donde queda anclada en modo anticiclón se producen sequías o grandes olas de calor si coincide con el verano.

Todo en la atmósfera está conectado: cuando la corriente va hacia el Norte trae altas presiones y cielos despejados, cuando va hacia el Sur causa depresiones con nubes y lluvias. Estas ondas son normales, pero desde 2007 aproximadamente la corriente de chorro en el hemisferio norte tiene meandros más pronunciados que tienden a quedar bloqueados.

Algo similar ocurrió en Europa occidental en el verano de 2003 y mucho más recientemente y afectando a España, sobre todo, en julio de 2015, cuando se batieron récords en multitud de capitales.

Las catástrofes naturales que se registran en todo el mundo -sequías prolongadas, inundaciones y canícula- parecen confirmar las perspectivas de los científicos sobre los efectos del cambio climático.

Nos encontramos con una situación sin precedentes, La sucesión de extremos y la aceleración de los récords son conformes a las proyecciones del IPCC. Pero habrá que observar esos extremos a lo largo de varios años, para sacar conclusiones en cuanto al clima.

Especialistas climáticos prevén que se mantenga el aumento en la cantidad y en la intensidad de las olas de calor y que haya más sequías y más inundaciones.

Otros científicos se muestran cautos a la hora de sacar conclusiones categóricas sobre los vínculos con el cambio climático, pero concuerdan en que los patrones meteorológicos han cambiado, volviéndose más extremos e impredecibles.

Las tres crisis

Organización Meteorológica Mundial

La situación climática que se vive en el mundo "no tiene precedentes". Según la Organización Meteorológica Mundial (WMO por sus siglas en inglés), el planeta "está viviendo una secuencia sin precedentes de eventos meteorológicos extremos".

En 2010 se registraron récords de temperatura máxima en 17 países del mundo: Bielorrusia, Ucrania, Chipre, Finlandia, Qatar, Rusia, Sudán, Níger, Arabia Saudí, Chad, Kuwait, Irak, Pakistán, Birmania, Isla Ascensión, Islas Salomón y Colombia. Y muchos de estos récords se superaron en 2015.

Un informe del IPCC afirma que se espera que cambien el tipo, la frecuencia y la intensidad de los fenómenos meteorológicos extremos a medida que cambie el clima de la Tierra y que esos cambios podrían producirse incluso, aunque el cambio del clima en general fuera pequeño.

La WMO es conocida por evitar los alarmismos innecesarios, lo que refuerza la importancia de sus declaraciones:

"A pesar de que los fenómenos extremos siempre han existido, su práctica coincidencia en un mismo periodo de tiempo hace preguntarse sobre su posible relación con el predicho aumento e intensidad de los eventos climáticos extremos que avanzaba el IPCC en su cuarto informe de evaluación publicado en 2007"

El desprendimiento de una enorme masa de hielo de 260 kilómetros cuadrados en Groenlandia preocupa también a la WMO por lo infrecuente de la magnitud del desprendimiento.

Las tres crisis

2015 fue el año más caluroso jamás registrado

En 2015 la temperatura media global en superficie batió todos los récords anteriores por un margen sorprendentemente amplio, con 0,76±0,1 °C por encima de la media del período 1961-1990. Por primera vez, se alcanzaron temperaturas que superaban aproximadamente en un 1 °C las de la era preindustrial.

Quince de los 16 años más cálidos se han registrado en este siglo, dándose en 2015 temperaturas considerablemente más elevadas que las temperaturas récord alcanzadas en 2014; de este modo, el período 2011-2015 es el quinquenio más cálido desde que hay registros.

Hay que tener en cuenta que en el 2015 se ha registrado un episodio de El Niño excepcionalmente intenso. Esto ha influido en el récord, pero no ha sido la causa, pues el Niño es un fenómeno cíclico que se repite cada pocos años. En la gráfica que se muestra debajo se aprecia claramente como El Niño coincide con los años más cálidos, aunque también se ve claramente como las temperaturas se superan con cada nuevo fenómeno de "El niño". Con lo que a este fenómeno le subyace otro que tira de las temperaturas hacia arriba: el calentamiento global. Se espera que el impacto del calentamiento global y del fenómeno de El Niño continúe en 2016.

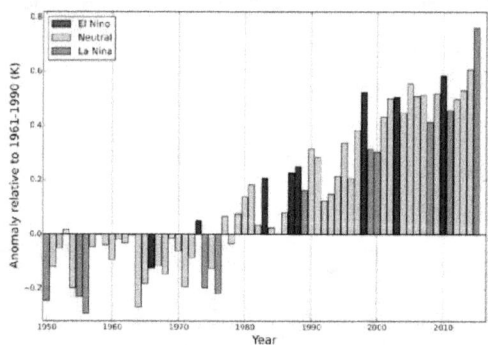

Anomalía de la temperatura media mundial respecto a la media 1961-1990. OMM

Las tres crisis

La temperatura global que calcula la OMM se deriva principalmente de tres conjuntos de datos, que mantienen al día el Centro Hadley del Servicio Meteorológico de Reino Unido y la Unidad de investigación climática de la Universidad de East Anglia de Reino Unido (HadCRUT4); los Centros Nacionales para la Información Ambiental (NCEI) de la Administración Nacional del Océano y de la Atmósfera (NOAA) de Estados Unidos de América; y el Instituto Goddard de Investigaciones Espaciales (GISS), cuyo funcionamiento está a cargo de la Administración Nacional de Aeronáutica y del Espacio (NASA).

Todos los conjuntos de datos indican que 2015 fue el año más cálido desde que hay registros. La OMM usa el período de referencia 1961-1990, internacionalmente acordado, para medir el cambio climático a largo plazo. La temperatura media global durante ese período fue de 14 °C. El registro de datos sobre la temperatura global de la Oficina Meteorológica de Reino Unido se remonta a 1850 y los de la NOAA[8] y la NASA a 1880.

En diciembre de 2015 la temperatura promedio sobre las superficies terrestres y oceánicas globales fue 1.11°C por encima del promedio del siglo XX. Esta fue la desviación de temperatura más alta para el mes diciembre en el registro (1880–2015), superando el récord anterior de 2006 en 0.29°C. Diciembre de 2015 fue el primer mes en registrar una desviación de temperatura de superior a 1 °C en el registro histórico.

En tierra la temperatura promedio de la superficie en diciembre fue 1.89°C por encima del promedio del siglo XX. Esta fue la desviación de temperatura más alta para diciembre en el registro (1880–2015), superando el récord anterior de 2006 con 0.48 °C. En los océanos la temperatura promedio oceánica a nivel mundial fue 0.83 °C por encima del promedio del siglo XX. Este también fue la desviación de temperatura más alta para diciembre desde el inicio de los registros, superando el récord anterior de 2009 en 0.20 °C.

La temperatura promedio de la superficie del mar mundial, estableció un récord en 2014 que se superó en 2015.

Los niveles de gases de efecto invernadero en la atmósfera alcanzaron nuevos máximos y en la primavera del hemisferio norte de 2015 la concentración media global de tres meses de CO_2 rebasó la concentración de 400 partes por millón por primera vez. 2015 fue el año más caluroso de la historia, con temperaturas superficiales del océano en el nivel más alto desde que comenzaron las mediciones.

Las tres crisis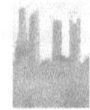

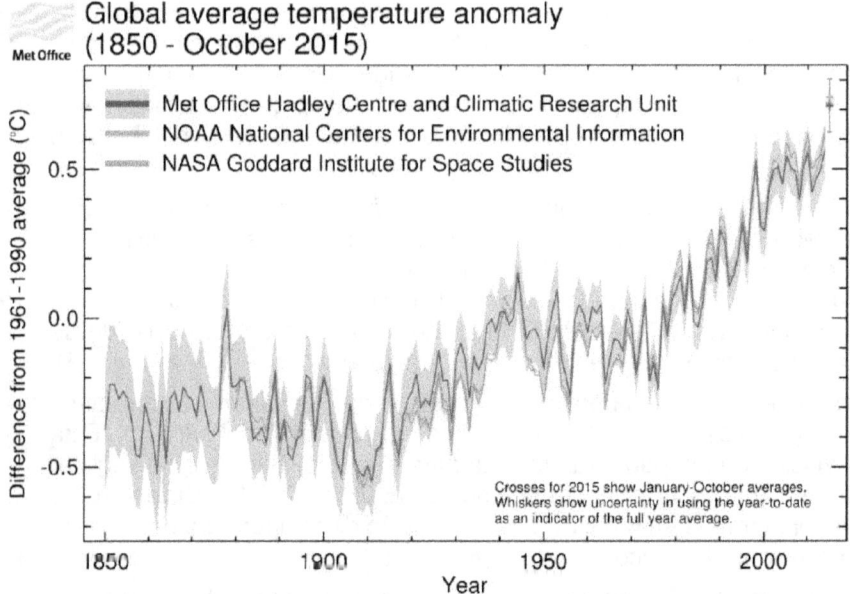

Anomalía de la temperatura media global anual desde 1850 según los datos de HadCRUT4 línea negra, (indicando incertidumbres de 95% en gris), GISTEMP en azul y and NOAA en naranja. Met Office

El efecto total del fuerte Niño de 2015 en la temperatura global ha causado un evento global de decoloración de los corales que comenzó en el Pacífico Norte en el verano de 2014 y se extendió hasta el Pacífico y el Océano Índico Sur en 2015.

En consonancia con los típicos impactos de El Niño, grandes zonas de América Central y el Caribe registraron precipitaciones inferiores a la media. Brasil, que comenzó el año con sequía en las zonas sur y este, tuvo también o con sequía en el norte con escasas precipitaciones durante la estación seca sobre el Amazonas. Las precipitaciones del monzón de la India representaron el 86% de lo normal. En Indonesia, la escasez de precipitaciones contribuyó al

Las tres crisis

aumento de la incidencia de los incendios forestales. Perú se vio afectado por fuertes lluvias e inundaciones, al igual que Argentina.

Calor oceánico
Los océanos han absorbido más del 90% de la energía que se ha acumulado en el sistema climático, lo que se manifiesta como un aumento de las temperaturas y del nivel del mar. El contenido global de calor del océano en sus capas superiores desde la superficie hasta 700 metros de profundidad y hasta 2000 metros alcanzó niveles récord respectivamente.

Un área especialmente fría fue la Antártida, donde una fuerte anomalía en los patrones atmosféricos conocidos como el Modo Anular del Sur duró varios meses en 2015. Zonas orientales de América del Norte fueron más frías que el promedio durante el año, pero ninguno fue récord de frío. Argentina experimentó su octubre más frío de la historia.

Ciclones tropicales
El huracán Patricia, que tocó tierra en México el 24 de octubre de 2015, fue el huracán más fuerte registrado en américa, con velocidades máximas de vientos sostenidos de 320 km / hora. Por otra parte, Yemen, país donde los ciclones son raros, sufrió dos ciclones consecutivos sin precedentes a principios de noviembre de 2015.

Ártico y la Antártida
Desde que comenzaron los registros satelitales fiables a finales de la década de los 70, se ha producido un descenso general en la extensión del hielo marino en el Ártico en todo el ciclo estacional. En 2015, la extensión máxima diaria, que ocurrió el 25 de febrero de 2015, fue la más baja registrada con 14,54 millones de km_2.

Las tres crisis

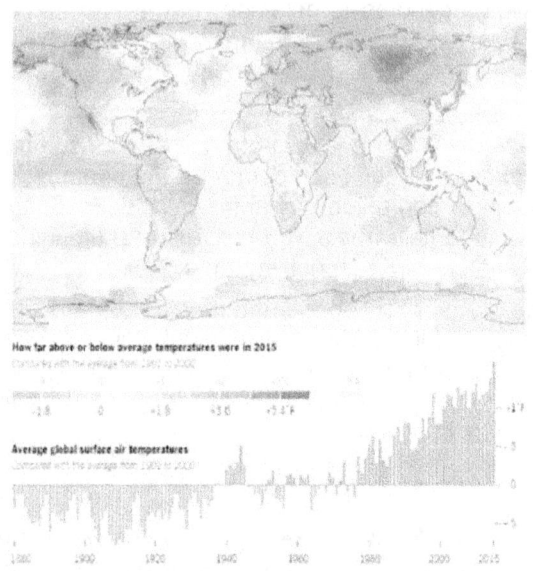

Anomalías de 2015 y registro global. Tomado de NASA-GISS

Atribución al Cambio Climático

Los climatólogos se niegan a vincular directamente las catástrofes que golpean a los diferentes países, pero todos las consideran "coherentes" con los informes del Panel Intergubernamental sobre Cambio Climático (IPCC) desde hace veinte años.

Son acontecimientos llamados a repetirse e intensificarse en un clima perturbado por la contaminación de gases de efecto invernadero. No se puede asegurar al 100% que nada de esto habría pasado hace 200 años, pero la sospecha está ahí. Los acontecimientos extremos son una de las maneras en que los cambios climáticos se hacen dramáticamente perceptibles.

Sabemos que después de El Niño sigue un año particularmente cálido y, desde luego, es lo que ocurrió en 2010 y en 2015-2016.

Las tres crisis

El aumento en la frecuencia de veranos tórridos desde hace 20 o 30 años está ligado al cambio climático. Pero uno no se puede basar en un solo acontecimiento o un solo verano, porque el cambio climático se mide sobre la media de un periodo de tiempo mucho más amplio.

En 2010, el presidente de Rusia, Dmitri Medvedev -un escéptico de las consecuencias del efecto invernadero-, declaró que "lo que está pasando debe ser un llamado de atención para nosotros, todos los líderes de Estado y organizaciones sociales, para tomar una postura mucho más enérgica para contrarrestar los cambios globales en el clima".

Dicho año, la temperatura promedio en Moscú en julio estuvo ocho grados por encima de la normal. Ese tipo de aumento durante todo un mes es algo inaudito.

El Grupo Intergubernamental de Expertos sobre el Cambio Climático (conocido por sus siglas en inglés IPCC), dice que: "sería científicamente incorrecto vincular cualquier serie particular de eventos con el cambio climático inducido por los seres humanos". Sin embargo, estima que hay suficientes evidencias que muestran un aumento en la frecuencia e intensidad de las inundaciones, sequías y precipitaciones extremas en todo el mundo.

No se puede establecer una relación directa y única entre el cambio climático y estos fenómenos extremos. "No obstante, si la temperatura de la atmósfera sigue aumentando, estos episodios extremos serán, cada vez, más intensos, y más frecuentes" según un comunicado del IPCC.

Las evaluaciones científicas han descubierto que muchos eventos extremos en el período 2011-15, en especial los relativos a temperaturas extremadamente altas, han incrementado sustancialmente la probabilidad de su aparición en un período de tiempo determinado, como resultado del cambio climático inducido por el hombre - por un factor de 10 o más en algunos casos.

De 79 estudios publicados en el Boletín de la Sociedad Meteorológica Americana entre 2011 y 2014 y en la mitad se encontró, que el cambio climático antropogénico contribuyó a eventos extremos. La influencia más consistente ha sido el calor extremo, con algunos estudios que encuentran que la probabilidad de que el evento observado se ha incrementado en 10 veces o más.

Los ejemplos incluyen las altas temperaturas récords estacionales y anuales en los Estados Unidos en 2012 y en Australia en 2013, veranos calientes en Asia oriental y Europa occidental en 2013, las olas de calor en primavera y otoño de 2014 en Australia, calidez anual récord en Europa en 2014, y la ola de calor argentina de diciembre de 2013.

Algunos eventos de más largo plazo, que aún no han sido objeto de estudios formales, son consistentes con las proyecciones a corto y largo plazo sobre el cambio climático. Estos estudios incluyen la incidencia de varios años de sequía en las zonas subtropicales, como se manifiesta en el período 2011-15, en el sur de Estados Unidos, partes del sur de Australia y, hacia el final de este período, en el sur de África. También se han registrado estaciones secas inusualmente largas, intensas y cálidas en la cuenca amazónica de Brasil, tanto en 2014 como en 2015 que, si bien aún no se puede afirmar con confianza que sean parte de una tendencia a largo plazo, son motivo de gran preocupación en el contexto de los posibles "puntos de inflexión" en el sistema climático identificados por el Panel Intergubernamental sobre el Cambio Climático IPCC.

Hace frío en mi pueblo, ya no hay calentamiento global

Es una reflexión típica de cualquier persona que oye hablar de calentamiento global, sale a la calle y se queda helada. Muchas personas piensan que los científicos que dicen que el clima se calienta no dicen la verdad, sobre todo cuando contemplan grandes nevadas o un episodio frio.

Buena parte de lo que se llama Occidente, Europa y la costa este de los Estados Unidos, es una región relativamente pequeña y muy influenciada por un fenómeno que se llama Oscilación Ártica y su hermana pequeña la Oscilación del Atlántico Norte.

Dichas oscilaciones, provocan irrupciones de masas de aire ártico en Europa y la costa este de los Estados Unidos con los consiguientes efectos de grandes fríos y nevadas que se han dado en los últimos inviernos en algunas regiones.

También hay mucha gente que considera la cantidad de nieve caída como indicadora de la temperatura: si nieva mucho, hace mucho frío y si nieva poco, no, piensan. Pues, la temperatura se mide con termómetros, y a -20 °C la humedad de la atmósfera es tan baja que apenas caerán unos copos, mientras que a -5 °C puede haber mucha más humedad y caer grandes nevadas. Las grandes nevadas más bien lo que indican es que hay mucha humedad, no que haga mucho frío.

Las tres crisis

Pero a pesar de estas entradas árticas invernales en Europa y el este de los Estados Unidos ¿qué pasa en el resto del mundo? Pues nada o casi nada, sigue calentándose poco a poco con los altibajos característicos de los sistemas caóticos.

Tenemos una tendencia muy fuerte a considerar nuestra comunidad local como si fuera el mundo entero.

Subida del nivel del mar

Las residencias más caras suelen ser la de primera línea de playa, pero esto cada vez parece tener menos sentido, deberían ser las más baratas, pues son las más expuestas a los embates del mar. La primera línea de playa sigue teniendo tirón, pero a la hora de comprar un apartamento habrá que empezar a evaluar los gastos futuros en reparaciones.

Olas como nunca se habían visto, debidas a vientos muy fuertes soplando mucho tiempo sobre el mar y en la misma dirección se vieron en la costa occidental europea durante el invierno de 2014.

Si pones más energía en el sistema puedes esperar vientos más fuertes y olas más altas. Además de que las olas coincidieron con una marea viva, hay que tener en cuenta que el nivel del mar también ha aumentado; si pones olas gigantes sobre una marea viva tienes una situación peligrosa, pero si elevas toda la base del conjunto 25 cm respecto al nivel del mar de 1870, entonces tienes una catástrofe.

Muchas veces se considera la subida del nivel del mar como algo insignificante. Y la verdad es que normalmente dicha subida no debe tener mayores consecuencias, excepto en esos momentos de máximos anuales que es cuando la cresta de la ola llega 25 cm más alto que a finales del siglo XIX y entonces llega el mar hasta donde nunca lo hizo. En la costa europea siempre ha habido temporales y olas grandes, pero ya estaban las ciudades calculadas para que la ola más alta del invierno no llegase a las construcciones, ahora es cuando se ve que algún cálculo ha fallado y no ha sido el de olas altas ni el de las mareas, porque siempre las hubo.

Las tres crisis

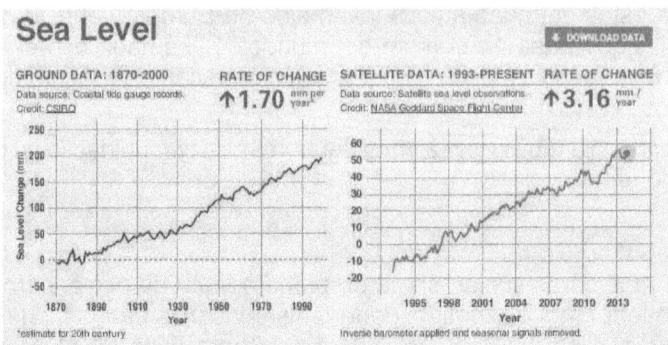

Gráfico que muestra la subida del nivel del mar desde 1870. NASA

En el gráfico de arriba se aprecia que desde 1870 hasta el año 2000 aproximadamente el nivel medio del mar subió casi 20 cm, pero desde el año 2000 ha subido otros 5 cm adicionales; se aprecia mucho mejor con medidas reales de satélites el incremento que supera ya los 3 mm anuales.

En algunas imágenes de televisión de aquellos eventos se podía ver cómo las olas corrían por las calles con una altura aproximada de 25-30 cm. Si este evento idéntico se hubiese producido a finales del siglo XIX, apenas habría corrido una fina lámina de 5 cm por las calles. Y, por supuesto, no habría movido los puentes de su sitio ni destruido los paseos marítimos o lo habría hecho en mucha menor medida, pues la energía de las olas se incrementa exponencialmente según su tamaño. Según los lugareños, no se había visto nunca.

Sensibilidad de las capas de hielo

Con el objetivo de averiguar cuanto subirá el nivel del mar en los próximos 100 y 200 años (a contar desde el 1-1-2004) los científicos han probado diez modelos para estudiar la sensibilidad de las capas de hielo de Groenlandia y la Antártida a los cambios previstos de balance de masa superficial y de las plataformas marinas de la Antártida.

Las más evidentes son:

Las tres crisis

1 -La falta de comprensión de los procesos interactivos e internos clave que puede producir una rápida pérdida de hielo.

2- Los modelos de las capas de hielo a gran escala con redes gruesas, no pueden modelizar adecuadamente la capa a una escala relativamente pequeña y de rápido movimiento (Glaciares a lo largo de los márgenes de la capa de hielo).

3- ·El acoplamiento entre estos modelos de la capa de hielo y modelos climáticos que incluyen interacciones atmosféricas y oceánicas en el entorno que rodea a las placas de hielo.

Un descubrimiento importante es que, en la mayoría de los casos, la respuesta, medida en términos del cambio en el volumen del hielo por encima del nivel de flotación, está casi linealmente relacionado con la fuerza del forzamiento climático incluso cuando el forzamiento varía en una amplia gama.

La importancia de esta característica se hace evidente cuando se consideran estudios de la interacción del clima con la capa de hielo que emplean relaciones simples y sugieren acoplamientos entre la capa de hielo y los modelos globales del clima.

Este estudio revela diferencias entre las respuesta de Groenlandia y la Antártida. La contribución de Groenlandia al nivel del mar depende casi exclusivamente de parámetros climáticos (temperatura y precipitaciones), por lo que se espera que en próximo siglo sea mucho mayor que la de la Antártida, a pesar de su menor tamaño. Por otro lado, la contribución de la Antártida es más sensible a la fusión de las plataformas marinas y también por un aumento de la velocidad de deslizamiento de los glaciares hacia el mar.

Los promedios de los modelos proyectan un aumento adicional de unos 22.3 cm del nivel del mar por parte de Groenlandia y un aumento menor de 8,1 cm por parte de la Antártida en los próximos 100 años.

Estas tasas proyectadas aumentan significativamente en el siguiente siglo con del total de las contribuciones de 200 años de 53.2 cm y 26.7 cm de Groenlandia y la Antártida, respectivamente.

Estos modelos aún tienen muchas incertidumbres por lo que restringen su capacidad para simular los cambios más dinámicos observados recientemente.

Las tres crisis

Por lo tanto, estos resultados sobre la potencial futura subida del nivel del mar deben considerarse solo como una estimación.

Otras veces se habla de la posibilidad de una subida del mar de muchos metros para los niveles actuales de CO_2. Esto puede llevar a interpretaciones contradictorias, pero hay que tener en cuenta que cuando se habla de muchos metros se habla de una escala temporal de unos 1000 años, por lo que la mayor parte de dicha subida se produciría en los siglos subsiguientes; no debemos olvidar que estos procesos son exponenciales.

¿A más calor menos hielo? Negaciones de la realidad

Es muy habitual llegar a conclusiones erróneas sobre los factores que influyen en el cambio climático o sobre el funcionamiento de la atmósfera y el clima. Dichas conclusiones suelen tener una característica común, que es su simplismo. El sistema climático entendido como un todo es un sistema complejo en el que juegan un papel determinante el sol, la atmósfera, el océano y las capas polares, aparte de un papel menor un sinfín de factores menores que no por ello cabe menospreciar.

Para los no expertos en climatología resulta sorprendentemente fácil llegar a conclusiones no solo erróneas, sino totalmente opuestas a la realidad, siguiendo una línea argumental aparentemente lógica, pero demasiado simple.

Las más habituales en este tema vienen a ser estas:

El CO_2 no influye en el cambio climático porque su concentración en la atmósfera es minúscula

Fue con el cambio de siglo XIX al XX cuando Svante Arrenius, basándose en diversos experimentos de laboratorio, formuló su teoría sobre el efecto del CO_2 como gas de invernadero, cuyo aumento de concentración traería consigo un aumento de la temperatura.

Estimó que, si en la atmósfera libre se doblaban los niveles de CO_2, la temperatura aumentaría 1,6 °C y, si se incluía el efecto de realimentación positiva del vapor de agua, alcanzaría 2,1 °C.

Las tres crisis

Actualmente (IPCC 2014) se estima una sensibilidad entre 1,5 °C y 4,5 °C. La razón de un rango tan amplio es la complejidad que he comentado anteriormente.

Muchas veces también nos perdemos en los razonamientos complejos y no vemos lo sencillo:

Si el CO_2 no fuera opaco a la radiación infrarroja, la atmósfera sería transparente a dicha radiación y, por tanto, los astrónomos no se verían obligados a enviar satélites de infrarrojos al espacio, gastando con ello millones de dólares o euros, pues podrían observar el cielo infrarrojo desde la superficie. Una refutación económica de una hipótesis producto de la economía y no de la física.

Como Se ha dicho es un tema complejo, el CO_2 no es el único gas de invernadero, el vapor de agua y el metano también lo son, y no solo eso. El efecto neto del vapor de agua sobre la atmósfera es más potente que el del CO_2 como gas de efecto invernadero. Pero se suele olvidar, que el vapor de agua siempre está ahí, y que, además, puede actuar como realimentador positivo. Es decir, a más CO_2 más calor, y a más evaporación, más vapor y más calor adicional. Por eso Arrenius estimó 1,6 °C para el CO_2 y 2,1 °C teniendo en cuenta el vapor de agua.

Algunos glaciares avanzan

De los cientos de miles de glaciares que hay en el mundo solo un puñado de ellos avanzan, que un glaciar avance no dice gran cosa sobre las temperaturas. De los cientos de miles de glaciares en retroceso solo unos pocos avanzan. Conclusión simplista: Si este glaciar avanza la tierra no se está calentando.

Los glaciares son auténticos ríos de hielo que adquieren masa en su zona de captación y la pierden más abajo cerca de su lengua en la zona de ablación.

Normalmente, el hielo fluye lentamente de la zona de captación hasta de la ablación donde acaba derritiéndose y desapareciendo como glaciar para dar origen a un río.

Si el glaciar capta año tras año más hielo del que pierde, su frente avanza y si sucede lo contrario el glaciar retrocede. Por tanto, hay dos maneras de hacer crecer o decrecer un glaciar. La precipitación en forma de nieve puede hacer que se forme más hielo del que se derrite y el glaciar avance, o bien, si disminuye la precipitación, al derretirse más hielo del que se repone, el glaciar disminuye.

Las tres crisis

Por otro lado, está la temperatura. Si hace más calor, se derretirá más hielo y el glaciar disminuye, mientras que si hace más frio se derrite menos hielo y el glaciar avanza.

Para complicar aún más las cosas, cuando el clima se enfría las precipitaciones suelen descender, por lo que el glaciar avanzará o retrocederá dependiendo de quién gane/pierda en el pulso temperatura/precipitación y viceversa: a más calor más precipitaciones, que en las cabeceras glaciares pueden seguir siendo de nieve y acumular más hielo, o de lluvia derritiendo más hielo. Por tanto, el hecho de que un glaciar avance no es significativo de nada. Pero que cientos de miles de glaciares retrocedan si es significativo, aunque el motivo exacto del retroceso de cada glaciar dependerá de sus circunstancias locales. Normalmente más calor produce más días de deshielo y menos días de crecimiento del glaciar, aunque como se ha indicado, hay lugares especiales en los que la precipitación gana a la temperatura y el glaciar crece; Incluso algunos glaciares pueden estar disminuyendo por un enfriamiento en sus regiones locales y otros por un descenso de las precipitaciones.

Este efecto trae a colación la madre de todos los simplismos climáticos:

A más calor menos hielo

Pero antes es necesario explicar el concepto de humedad atmosférica.

El concepto de Humedad Absoluta y Relativa

Para comprender el concepto de humedad relativa primero hay que comprender qué es la humedad absoluta. La humedad absoluta es la cantidad total de agua en gramos que es capaz de evaporarse (y pasar a vapor) en un metro cúbico de aire. Esta cantidad varía mucho con la temperatura y lo hace en una relación directa.

Humedad Absoluta

Cuanto más caliente está el aire, más vapor es capaz de mantener. Esto es fácil de memorizar si atendemos a nuestra experiencia cotidiana. Las superficies mojadas se secan antes cuando hace calor que si hace frio, precisamente porque el aire caliente absorbe esa humedad de la superficie rápidamente.

Las tres crisis

Humedad Relativa

Si la cantidad de vapor que es capaz de mantener un metro cúbico de aire a una temperatura dada es de 10 gr. Si en ese aire tenemos 5 gr decimos que su humedad relativa es del 50%, precisamente porque tiene capacidad para absorber la otra mitad que le falta para llegar al 100%.

Y la palabra relativa viene por la temperatura. Es decir, si a ese mismo metro cúbico con 5 gr de vapor, y por tanto con una humedad relativa del 50%, le disminuimos la temperatura, entonces la cantidad total de vapor de agua que puede absorber comienza a descender y, por tanto la humedad relativa comienza a aumentar, aunque no estemos agregando más agua. Cuando la temperatura desciende hasta un punto que la cantidad máxima que puede absorber sean los 5 gr que contiene, su humedad relativa será del 100%. Si continuamos descendiendo la temperatura, como no se puede superar el 100%, el vapor que sobra comienza a precipitar, se forma niebla en nuestro metro cúbico de aire y decimos que hemos alcanzado el punto de rocío.

Todo esto es para explicar que cuanto más frío está el aire, menos cantidad de humedad es capaz de contener y por tanto, si contiene humedad en exceso esta precipita más fácilmente cuanto más frio esté. Por eso, cuando viene una masa de aire frío, esta obliga a precipitar la humedad que contiene la atmósfera por donde este aire frío va avanzando y se produce la lluvia de advección. Es el típico frente frío.

A más calor más hielo

Volviendo al tema que nos ocupa. La mayoría de las personas vivimos en regiones templadas o cálidas donde la premisa más calor menos hielo es válida. En verano la nieve se derrite de las montañas, en invierno nos puede caer nieve o helarse el agua.

Incluso en las regiones polares en verano, aunque sigue haciendo fresco, el hielo tiende a derretirse, mientras que en invierno tiende a formarse. Hasta aquí todo correcto.

Pero, ¿qué pasa en las regiones polares o muy frías como Siberia o Canadá en invierno? Pues lo que pasa está muy claro. Al venir el frío, el exceso de humedad del aire precipita en forma de nieve y la superficie se queda todo el invierno cubierta de nieve. Además el contenido en humedad de este aire es muy bajo. Los inviernos polares suelen ser muy secos y la capa de nieve puede ser relativamente fina.

Las tres crisis

Aquí es donde falla nuestro sentido común. Si oímos hablar de que en Canadá o en Siberia ha caído una nevada de más de un metro de grosor, tendemos a pensar que hace un frío terrible. De hecho, los últimos inviernos se están batiendo récords de superficie nevada y con espesores cada vez mayores.

Los últimos años, la cubierta de nieve en el hemisferio norte en octubre ha aumentado. Ya tenemos nuestra conclusión simplista: no hay calentamiento, cada vez hace más frío. Pero, como se ha dicho, en las regiones frías la llegada del invierno se produce con temperaturas muy por debajo de cero. Por ejemplo, la temperatura media de octubre en Siberia o Canadá, dependiendo de las zonas, puede ser del orden de los -5 °C o más baja. Y esto en octubre. El resto del invierno son mucho más bajas, incluso por debajo de los -20 °C o -30 °C.

El calentamiento global es del orden de 1 °C (pero esto es una media); así pues, tanto en regiones concretas y en días concretos este calentamiento puede ser superior en unos cuantos grados. Por tanto, el calentamiento global puede hacer que en una amplia región de Siberia donde antes tenían -6 °C, ahora tengan -1 °C. ¿Y qué significa esto?

Pues que el aire a -1 °C contiene mucha más humedad que el aire a -6 °C, y el aire a -6 °C contiene mucha más humedad que el aire a -20 °C y así sucesivamente. Así que, en las regiones frías en invierno (y en la Antártida todo el año) podemos esperar mayores nevadas y de más espesor al estar el aire más caliente.

Buena prueba de ello es el efecto lago famoso en la región de los grandes lagos de Norteamérica donde las temperaturas son algo mayores que en el entorno (debido al efecto amortiguador de los lagos, pero por debajo de cero) y la mayor humedad produce muchos años enormes nevadas.

Por tanto, cuando escuchamos decir a los climatólogos que el calentamiento está provocando mayores espesores de nieve, podemos tender a pensar que nos están engañado, aunque en realidad, estamos siendo extremadamente simplistas. Para ser exactos deberíamos decir: *A más calor menos hielo, siempre que la temperatura esté por encima de 0 °C, si está por debajo a más calor más hielo.*

Por cierto, este fenómeno puede hacer avanzar algunos glaciares en regiones muy concretas de la Tierra.

Las tres crisis

Sensibilidad climática: Incremento de la temperatura según la concentración de CO_2

La comprensión de la relación entre el nivel de concentración de CO_2 en la atmósfera y la temperatura superficial global es profundamente importante y, sin embargo, no es completamente conocida, aunque casi todas las estimaciones de sensibilidad climática (calentamiento en °C causado por una duplicación de la concentración de CO_2) han surgido de estudiar los registros que abarcan los últimos 20.000 años[3].

La mayoría de estos estudios encuentran una sensibilidad climática de aproximadamente 3 °C. Es decir, por cada duplicación de la concentración de CO_2 en la atmósfera, la temperatura media de la Tierra se incrementaría en aproximadamente unos 3 °C.

Estos estudios son muy importantes para verificar los problemas del cambio climático, pero están calibrados en un periodo más frio que el actual (los últimos 20.000 años); por tanto, sería interesante poder realizar dicha calibración en registros de temperatura más antiguos (de hace más de 2 millones de años) cuando las temperaturas eran mayores y así poder entender la dinámica de la Tierra durante un periodo cálido.

Los niveles antiguos de CO_2 se pueden medir rastreando las principales fuentes y sumideros de CO_2 atmosférico sobre estas escalas de tiempo, o por indicadores indirectos. Una síntesis de las estimaciones de CO_2 de los modelos del ciclo del carbono y de los proxis muestran un fuerte ajuste entre el CO_2 y los indicadores geológicos de temperatura: las capas de hielo continentales son comunes cuando la concentración de CO_2 cae por debajo 500 ppm y ausentes cuando esta es superior a 1000 ppm.

Uno de los parámetros en la mayoría de los modelos del ciclo del carbono a largo plazo de sensibilidad climática es la concentración de iones de Ca y Mg en rocas de silicatos, pues estos iones sirven como sumidero a largo plazo para el CO_2 y son sensibles a la temperatura.

En los últimos 420.000 años, se estima una sensibilidad climática en torno a 3 °C, mientras que una sensibilidad inferior a 1,5 °C es altamente improbable,

Las tres crisis

al igual que una sensibilidad de 6 °C que, aunque improbables no pueden ser excluidas.

Por lo tanto, la sensibilidad del clima en tiempos remotos coincide con el valor calculado a partir de los últimos 20.000 años. A pesar de realizarse con dos enfoques completamente diferentes dentro de los procesos del ciclo del carbono, una sensibilidad climática de alrededor de 3 °C parece ser un dato robusto independiente de la escala temporal.

Otros estudios han revelado una sensibilidad climática entre 0,3 a 1,9 W/m^2 o 0,6 a 1,3%, respectivamente sobre los últimos 65 millones de años. Esto último implicaría un calentamiento entre 2,2 y 4,8 °C por cada duplicación de concentración de CO_2 atmosférico, lo que está de acuerdo con el resultado anterior y con las estimaciones del IPCC.

Olas de Calor

Si nos referimos a los niveles actuales de concentración de CO_2 (de 400 partes por millón ppm) y con apenas un incremento de temperatura de unos 0,5-0,8 °C desde los niveles preindustriales de CO_2 cuando para esta concentración le correspondería ya más de 2 °C. Aun así se observa ya un incremento sustancial de olas de calor intensas muy raras hace tan solo unas décadas. Actualmente estas olas de calor afectan ya al 5 % de la superficie terrestre. Y se estima que su frecuencia podría duplicarse hacia 2020 y hasta cuadruplicarse hacia 2040. Hoy en día se observa que la frecuencia de las olas de calor en el mundo excede ya por un amplio margen la variabilidad natural.
Para el año 2100 las olas de calor podrían afectar hasta un 85 % de la superficie terrestre con una severidad hoy no conocida.

Los nuevos inviernos

Los últimos años, desde 2007-2008 aproximadamente, se han sucedido en Europa y en Norteamérica una serie de inviernos extremadamente fríos y nivosos, azotados por tormentas invernales inesperadas, mientras que otras zonas (de Europa y Norteamérica) permanecían cálidas, en una década con los años más cálidos desde que hay registros. Según los últimos estudios, estos inviernos son una desagradable sorpresa de las muchas que nos tiene reservadas el calentamiento global.

Las tres crisis

Dicho calentamiento ha venido produciendo una disminución gradual de la banquisa ártica (hielo marino) durante su mínimo anual de septiembre. Aunque el máximo se mantiene más o menos estable, el mínimo de septiembre ha comenzado a disminuir de forma alarmante, hasta el punto de que estimaciones del IPCC de la desaparición total de la banquisa en verano inicialmente previstas para final de siglo XXI, actualmente se estima que sucederá entre 2020 y 2040. Entre 1979 (año desde el que hay registros fiables de satélite) y el 2000, la disminución apenas fue apreciable. Sin embargo, a partir del año 2000 la banquisa comenzó a descender de forma acusada hasta marcar un mínimo de la serie en 2012 con apenas 3.177.455 Km^2 frente a los 7 millones de Km^2 habituales en el periodo 1979-2000, y estando un 22 % por debajo del anterior mínimo del año 2007, el cual a su vez descendió un 26% respecto al anterior mínimo de 2006. En 2016 el mínimo ha sido incluso inferior al de 2007, pero ha estado por encima del mínimo de 2012, esto deja a 2016 en segundo puesto, por debajo del mínimo de 2007, pero por encima del record del mínimo de 2012. Aunque estos mínimos parezcan sucesos remotos, la zona ártica es determinante en la caracterización del clima de las latitudes medias.

Con esta disminución de hielo marino del Ártico, grandes flujos de calor y humedad entran en la baja atmósfera del Ártico durante el otoño y el invierno, con un incremento en los flujos de calor latente hacia el polo Norte. Este calentamiento es claramente observable durante el otoño en la temperatura del aire cerca de la superficie. Durante el otoño (octubre-diciembre) las anomalías son estadísticamente significativas y evidentes en gran parte de la región del ártico. Y durante el invierno (enero-marzo) persiste una fuerte anomalía en el Atlántico Norte y al oeste de Groenlandia.

El efecto es una reducción del gradiente hacia el polo en los espesores de presión de 1000-500 hPa, lo que debilita el de flujo zonal de nivel superior (la corriente de chorro se hace menos intensa). Según la teoría de las ondas de Rossby, un flujo más débil retarda la progresión hacia el este de las ondas y tiende a seguir una trayectoria de mayor amplitud, lo que resulta en un movimiento más lento de los sistemas de circulación. Haciendo más prolongadas las condiciones climáticas y aumenta la probabilidad de fenómenos meteorológicos extremos debidos a sequías, inundaciones, olas de frío y olas de calor.

La amplificación ártica durante el otoño e invierno se debe principalmente a la pérdida del hielo marino, y con ella la transferencia de energía adicional desde el océano hacia la atmósfera en latitudes altas, la tendencia creciente de patrones de amplia amplitud en verano, está de acuerdo con un mayor calentamiento de la Tierra en latitudes altas causados por deshielo más temprano de la cubierta nivosa y el secado del suelo. Las grandes dorsales en el nivel de 500 hPa observadas en el Atlántico Norte oriental son consistentes con una mayor presión superficial más persistentes sobre el oeste de Europa. Este efecto ha contribuido a reforzar las olas de calor en Europa y Rusia durante los últimos veranos.

Las anomalías de la banquisa para el periodo 1979-2011 en otoño e invierno árticos muestran que en invierno la banquisa ha disminuido un 10% frente a un 24% en otoño; sin embargo, la reducción en invierno en términos absolutos (1,5 millones de km^2) es comparable en magnitud a la reducción de otoño (2,2 millones de km^2).

Este análisis pone de manifiesto que el cambio en la circulación atmosférica en invierno y la frecuencia de eventos fríos en las latitudes medias, en respuesta a la pérdida de hielo marino invernal, es mayor y más amplia que la respuesta a la pérdida de hielo en otoño, incluso, aunque el cambio fraccional en la pérdida de hielo es mayor en otoño.

Estos resultados apoyan el mecanismo en el que la pérdida del hielo marino fomenta una superficie adicional de evaporación, que da como resultado anterior más humedad en la región y, por tanto, más nevadas en latitudes altas. La cubierta de nieve aísla antes el suelo y permite que la superficie se enfríe más rápidamente, derivando hacia el sur de la región las temperaturas polares, y desplazando con ella el frente polar de vientos. Mientras que las conexiones entre la pérdida de hielo marino y los patrones a gran escala en la circulación atmosférica en el hemisferio norte no pueden ser confirmadas a través de análisis matemáticos, los resultados proporcionan una evidencia adicional de dicha relación. Si la cubierta de hielo sigue disminuyendo, se puede esperar ver la expansión de los fríos extremos en invierno.

Estudios matemáticos revelan que la reducción de la banquisa en invierno muestra una variabilidad interanual diferente a la reducción de la banquisa en otoño. Además, el índice de la Oscilación Ártica en invierno muestra poca correlación con cualquiera de ellas.

La causalidad no puede ser confirmada debido a la gran variabilidad, pero estos patrones anómalos que relacionan la presión al nivel de mar y la banquisa invernal sugieren una conexión sustancial entre dicha banquisa invernal y anomalías de patrones climáticos en altas latitudes. La anomalía de una alta presión sobre la mayor parte de Siberia asociada con una reducción

Las tres crisis

de la banquisa de invierno es corroborada por el fortalecimiento y expansión observados de las altas presiones siberianas, lo que contribuye a inviernos severos en la región de Asia Oriental. La baja de la zona de las Aleutianas, por su parte, se ha fortalecido y desplazado hacia el sur, lo que junto con el anticiclón siberiano más potente, aumenta el gradiente de presión entre ellos, lo que reforzaría el Monzón de invierno en el oriente de Asia y un enfriamiento anómalo en grandes zonas de Asia oriental.

AO y NAO (Oscilación Ártica y Oscilación del Atlántico Norte)
Durante los años 60 Europa y Norteamérica fueron azotadas por una serie de inviernos muy duros. Actualmente se sabe que fue debido a la oscilación Ártica, un índice de presiones que mide la diferencia de presiones entre la zona polar y la zona tropical hasta la latitud de Cuba, si dicho índice es positivo (bajas presiones en el ártico y altas en el trópico), la corriente de chorro polar se fortalece, confinando en el Norte el aire frío polar. Si el índice es negativo (alta presión en la región ártica y baja en el trópico) la corriente de chorro pierde su capacidad de retener el aire polar, y este irrumpe en las latitudes medias de Europa y Norteamérica. Por otro lado, la Oscilación del Atlántico Norte es un índice entre las presiones de Islandia y las Azores, una región más pequeña. Cuando es positivo las tormentas invernales siguen la corriente de chorro impactando contra Europa y dejando un invierno suave y lluvioso; si el índice es negativo, el cinturón de vientos del Oeste se debilita y Europa tiene un invierno frío y seco, con vientos del Este, mientras que las tormentas no siguen la corriente de chorro e impactan en España, dejando inviernos lluviosos. Se piensa que la NAO es una parte de la AO, aunque otros científicos piensan que no, pues sus índices, aunque suelen ir correlacionados, también pueden divergir completamente.

Cambio climático
Como se ha indicado en el epígrafe anterior, durante los años 60 la AO y NAO fueron negativas, provocando inviernos muy fríos; luego en los 80 y 90 fueron positivas cambiando radicalmente los inviernos y haciendo tomar conciencia a mucha gente del calentamiento global. A partir de mediados de los 90 se detuvo la fase positiva, sin embargo, la región ártica continuó calentándose considerablemente (lo que se ha dado en llamar Anomalía Ártica, AA). Esto hace que al derretirse más hielo, el océano absorba más calor, este calor es liberado durante el otoño y genera más humedad, mayores presiones y menor

Las tres crisis

diferencia de temperatura entre la región ártica y las latitudes medias. Estos fenómenos propician las fases negativas de la AO y la NAO llevando inviernos extremos a latitudes medias. Una corriente de chorro atenuada genera meandros más pronunciados que pueden sumir grandes regiones en fríos extremos o calor impropio para la época durante casi todo el invierno, aparte de una mayor lentitud en su movimiento barriendo las regiones, por lo que una vez sumida una región en una condición de frío o calor puede permanecer en ella semanas enteras. Esto puede llevar a una mayor probabilidad de eventos climáticos extremos debido a estas condiciones prolongadas, como sequía, inundaciones, olas de frío y olas de calor.

Fenómenos meteorológicos extremos individuales suelen tener un origen dinámico, pero muchos de estos eventos son resultado de patrones climáticos persistentes, que son típicamente asociados con el bloqueo y las ondas de gran amplitud (ondas de Rossby) en el flujo de nivel superior. Algunos ejemplos incluyen las olas de calor de Rusia en 2010, las inundaciones del Mississippi en 1993 las heladas en Florida durante el invierno 2010-11 o la ola de calor en España en julio de 2015.

En Norteamérica, además hay que tener en cuenta el Niño y la Niña. En 2009-2010 los pronósticos que tuvieron en cuenta solo la Niña, pronosticaron un invierno seco, pero la OA negativa dejó grandes nevadas en Nueva York y Filadelfia alcanzando índices negativos inéditos para esta oscilación.

La hipótesis de dos mecanismos por los que la amplificación ártica (mayor calentamiento en el Ártico en relación con el calentamiento de las latitudes medias) puede causar más patrones climáticos persistentes en latitudes medias que pueden conducir a condiciones climáticas extremas.

La subida en latitud de las crestas de los meandros de la corriente de chorro polar también ha contribuido a unas condiciones de mayor calor en latitudes altas, produciendo registros récord de calor, con fusión temprana de nieve y eventos de derretimiento sobre Groenlandia, aparte de grandes olas de calor en Europa occidental.

Estas condiciones son consistentes con las condiciones climáticas persistentes asociadas con los últimos acontecimientos graves como las nevadas invernales de 2009/2010 y 2010/2011 en los Estados Unidos y en Europa, la sequía histórica y la ola de calor en Texas durante el verano de 2011, o el récord de lluvias en el noreste de los Estados Unidos en el verano de 2011, el calor en España de julio de 2015 o las inundaciones en Francia y Alemania en junio de 2016 ¿Puede todo esto atribuirse a un mayor calentamiento en latitudes altas?

Las tres crisis

Las causas particulares son difíciles de implicar, pero este tipo de eventos son consistentes con el análisis y el mecanismo explicados en este capítulo. A medida que la cubierta de hielo marino ártico continúa desapareciendo y la capa de nieve se derrite cada vez más temprano en amplias regiones de Eurasia y América del Norte, se espera que los patrones a gran escala de circulación en todo el hemisferio norte serán cada vez más influenciados por la Amplificación Ártica. El calentamiento gradual del planeta puede no ser notado por la mayoría, pero todo el mundo - ya sea directamente o indirectamente - se verá afectado en cierta medida por los cambios en la frecuencia e intensidad de fenómenos meteorológicos extremos.

A finales de marzo de 2013, la AO cayó hasta -5.6, valor equiparable a mínimos históricos de dicho índice. Muchas partes del hemisferio norte estuvieron cerca de récords de bajas temperaturas. El Reino Unido experimentó el marzo más frío desde 1962. A finales de marzo, las dos terceras partes de las estaciones meteorológicas en la República Checa rompieron récords. Alemania tuvo su marzo más frío desde 1883. Y Moscú tuvo su marzo más frío desde 1950.

Temperaturas de Madrid (Retiro) Registro 1838-2015

Con intención de realizar un estudio local sobre el cambio climático se ha elegido Madrid por situarse en una zona muy sensible al cambio climático (zona mediterránea) y por disponer de un registro muy largo de datos de gran calidad.

Los datos de temperatura corresponden al Observatorio Astronómico Nacional (OAN) desde 1838 hasta 1880 y la Agencia Estatal de Meteorología (AEMET); los datos corresponden a la estación de Madrid-Retiro en ambos casos.

Antes del comienzo de los registros disponemos de otras fuentes como las crónicas del siglo XVIII coincidiendo con la pequeña edad del hielo PEH en España y en buena parte del hemisferio norte. Las crónicas cuentan fenómenos chocantes como la congelación del Ebro en Tortosa algunos inviernos y cómo en uno de ellos, permaneció congelado casi dos semanas. Frecuentes temporales de nieve azotaban la Península Ibérica y las temperaturas debían ser muy bajas (baste el apunte de la congelación del Ebro).

Pero lo más chocante es que en los peores años de la PEH también se habla de veranos extremadamente calurosos. Es decir, el contraste térmico entre el invierno y el verano era mucho más intenso que en la actualidad, aunque no hay registros termométricos.

Las tres crisis

Destaca un relato muy visual de un sueco discípulo de Linneo que en esos años andaba viajando por España y cuenta que los inviernos eran tan rigurosos como los de Suecia, pero como contrapartida apunta que los veranos eran tan rigurosos como los inviernos.

Esto, aunque suena extremo, tiene una posible explicación. En Suecia los inviernos son terriblemente fríos y en aquella época más, pero al estar "embebida" Suecia en la masa fría, el tiempo es muy estable y soleado, aunque gélido, mientras que en España con temperaturas mucho más cálidas (oscilando por encima y por debajo de cero) los inviernos coincidían con el cinturón de borrascas, haciendo que fueran muy ventosos, lluviosos y nivosos, lo que da una sensación térmica mucho más baja que la temperatura real. Por otra parte, en España los veranos son muy rigurosos (por el calor extremo), sobre todo, si se está acostumbrado al paraíso que es Suecia en verano. Pero no todos los veranos de la PEH eran así de cálidos, también hay crónicas que hablan de veranos frescos y sobre todo muy tormentosos.

Cosa que tiene su lógica, pues en aquella época la corriente de chorro (el frente polar) en verano estaba mucho más abajo que ahora y era más o mucho más potente que ahora; esto explicaría los dos fenómenos. Al ser la corriente de chorro más potente, la diferencia de temperaturas entre el lado frío y el cálido era más intensa, y por otro lado, el chorro coincidía con nuestras latitudes en verano. De este modo, los años que el chorro o frente polar quedaban por Francia, España era invadida por el aire cálido de África y sufría terribles veranos, mientras que si el chorro coincidía con nuestra latitud el diferencial de temperaturas provocaba tormentas terribles y veranos frescos. Estos veranos tan tórridos quedan reflejados en los primeros años del registro que presento. Concretamente con 1856 y 1858.

He realizado un pequeño estudio sobre el registro de temperaturas medias mensuales en °C tomado en los citados observatorios. La serie contiene 177 años de los cuales hay datos completos desde 1854 representando una serie de 161 años ininterrumpidos hasta 2015.

Valores extremos

La mayor parte de los valores máximos de la serie se dan hacia el final de esta serie, excepto abril, junio y agosto cuyos registros máximos se dan curiosamente al principio de la serie entre de 1856 y 1858. Los valores mínimos aparecen al principio de la serie y en un pequeño bloque de 11 años que va de 1977 a 1986.

Las tres crisis

El mes más frio es febrero de 1901 con 1,9 °C y el más cálido julio de 2015 con 29,8 °C que superó el récord de 29,6 °C de 1856, superando un periodo de retorno de más de 150 años.

El año más frío es 1925 con 12,55 °C y el más cálido 2015 con 16,64 °C.

El año anterior a 2015 más cálido de la serie había sido 1856 con 16,05 °C, pero perdió el récord superado por los 16,07 °C de 2014 y los 16,66 °C de 2015, lo que pone de manifiesto lo excepcional de estos dos años al superar un récord de 158 años dos años consecutivos. La probabilidad de que dos años consecutivos superen un periodo de retorno de 158 años es realmente baja. De hecho, habría que esperar 158 x 158 = 24.964 años para que dos años seguidos batan un récord de 158 años de forma consecutiva, lo que pone de manifiesto una vez más la poca probabilidad de que se trate de un fenómeno natural no inducido por el calentamiento global.

Medias de las medias

La temperatura media de la serie es de 14,14 °C, el mes más cálido es julio con una media de 24,87 °C y el más frio enero con 5,26 °C.

La gráfica de todas las temperaturas medias tiene este aspecto:

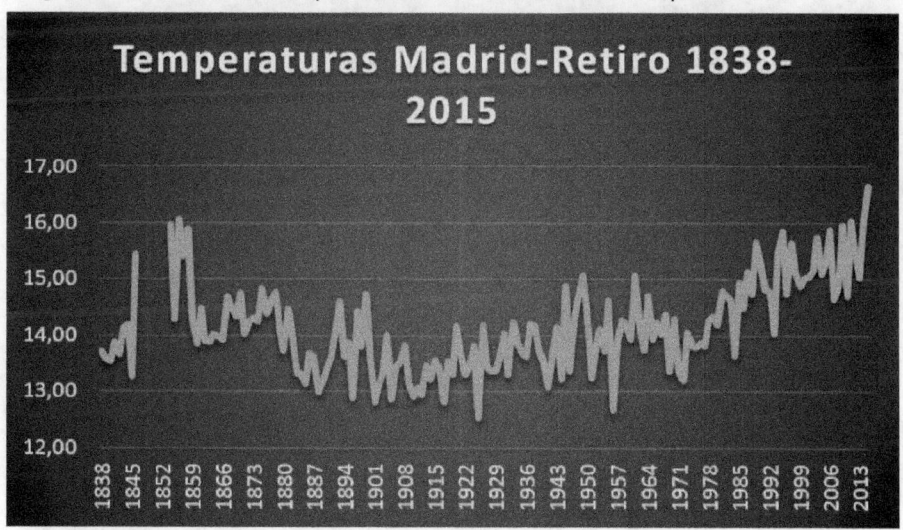

Temperatura media anual del observatorio Madrid-Retiro. OAN-AEMET

Las tres crisis

Se aprecia que las temperaturas comienzan con un pequeño pico casi al principio de la serie y justo donde hay una laguna de datos; luego disminuyen y permanecen bajas hasta 1980, aproximadamente, con un incremento muy acusado a partir de este año. También se aprecia un pequeño incremento sobre la década de 1940 con una ligera disminución de estas temperaturas hasta valores similares a los anteriores durante la década de 1960. Al final de la serie, se observa cómo se superan ampliamente los valores del pico de 1846-1860.

La mejor manera de apreciar las temperaturas medias a largo plazo es hacer una media móvil de 30 años con lo que la gráfica queda del siguiente modo:

Media móvil de 30 años de la temperatura media anual del observatorio Madrid-Retiro. OAN-AEMET

Se aprecia lo mismo que lo comentado anteriormente, pero más claramente. Comienza la serie con temperaturas relativamente altas, aunque en acusado descenso; luego comienzan a subir de nuevo hasta un pequeño pico con ligera bajada y luego una gran subida, que supera ampliamente cualquier valor anterior con el hecho curioso de que el año más cálido de la serie total es 2015 con 15,24 ºC, un valor ya muy por encima de los 14,44 º C de 1883 que fue récord hasta que fue superado en 1997 (hay que tener en cuenta que se trata

Las tres crisis

de valores medios de 30 años, aunque se hayan asignado al último año de la serie).

Desde el inicio de la serie la subida es de 0,8 ºC exactamente en un periodo de 132 años. Pero desde 1980 la subida es de 1,22 ºC en un periodo de apenas 35 años, lo que da una subida de 0,35 ºC por década.

Hay que tener en cuenta que la subida posterior a 1980 difícilmente puede ser atribuida al efecto isla de calor, pues la ciudad ya estaba completamente desarrollada a muchos kilómetros a la redonda del observatorio. Aun así, estaciones en las afueras de Madrid sin este efecto muestran incrementos equiparables.

Se observa un claro calentamiento en toda la serie sobre todo a partir de aproximadamente 1971-72, alcanzando un máximo en los dos últimos años de la serie 2015.

El calentamiento total observado en la serie es del orden de 0,8 ºC, pero buena parte de este calentamiento se observa después de 1970. Una parte podría achacarse al efecto isla de calor, pero hay que tener en cuenta que en 1970 Madrid ya era una ciudad muy grande y el observatorio ya era muy céntrico, con lo que el termómetro probablemente no ha experimentado un calentamiento adicional considerable debido a este fenómeno; por tanto, la mayor parte del calentamiento debe achacarse a otros fenómenos como puede ser la subida global de temperaturas u otros efectos locales no bien conocidos.

Si comparamos el registro de Madrid con el registro más largo del mundo, el de Inglaterra central, vemos que Madrid, al tener un clima más continental, tiene mayores variaciones que amplifican claramente cualquier cambio, lo que lo hace ideal para observar las variaciones.

Las tres crisis

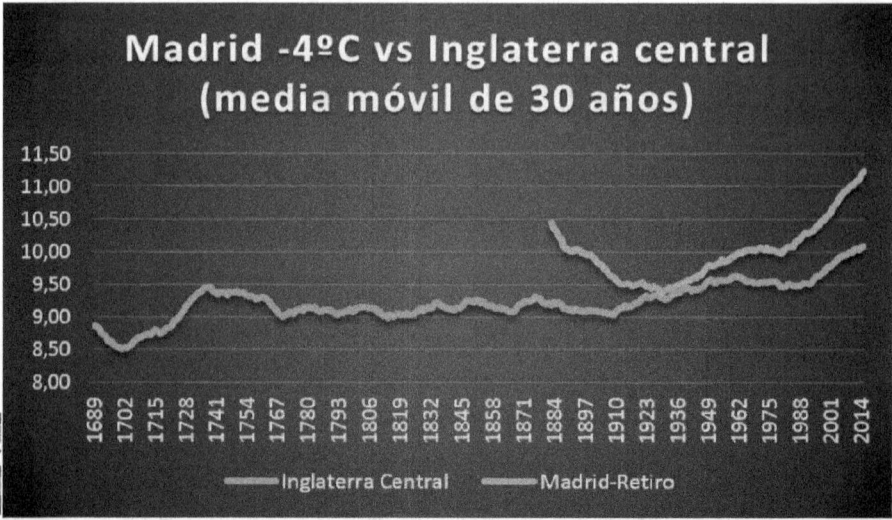

Media móvil de 30 años de la temperatura media anual del observatorio Madrid-Retiro y restada 4 ºC para comparación con la temperatura media de Inglaterra central.

Para que ambos registros sean comparables se le han restado 4 º C al registro de Madrid, pues el objetivo no es estudiar las temperaturas, sino más bien su variación. Vemos que el registro británico es muy constante siendo destacable un periodo más frío justo al principio coincidiendo con los más crudo de la PEH durante el mínimo de Maunder. El registro final desde 1930 aproximadamente es casi paralelo con la salvedad de que Madrid amplifica más la variación. Los altos valores al comienzo del registro de Madrid también se ven reflejados en el registro británico, pero mucho más suavizado probablemente por el clima más oceánico de las islas británicas.

Las tres crisis

El canario en la jaula. Los glaciares de los Pirineos

Igual que los mineros llevaban a la mina un canario en una jaula y si moría este ya sabían que el oxígeno era insuficiente y tenían que salir antes de morir asfixiados, los pequeños glaciares de la cordillera de los Pirineos son un claro indicador de lo que le sucederá al resto de glaciares más grandes, si no se pone freno al calentamiento global.

El número de glaciares en la cordillera de los Pirineos en la PEH era de 55; hay que tener en cuenta que muchos de ellos se han escindido en varias partes (generalmente 2 o 3), por lo que a la hora de contar los glaciares actuales se ha tenido en cuenta esto para no contabilizar ahora dos glaciares donde antes había uno y se ha considerado solo uno.

Se presenta a continuación una tabla con los glaciares contabilizados durante la pequeña edad del hielo (PEH) hacia finales del siglo XVIII y comienzos del XIX, el recuento de la Universidad de Zaragoza (UNIZAR) entre 1988-2000 y un recuento más reciente actualizado en 2012.

TOTAL PIRINEOS						
	PEH		UNIZAR 1998-2000		2012	
Macizo	Nº Glac.	Sup. (ha)	Nº Glaciares	Sup. (ha)	Nº Glac.	Sup. (ha)
Balaitús	6	106,7			1	6
Infiernos	3	50,5	2	17	1	7,4
Vignemale	6	222,9			2	65
PicLong-Neouville	4	77			2	
Taillón-Monte Perdido	12	473,4			4	59,7
La Munia	3	52,5			1	3,3
Posets	3	115	2	45,2	1	6,1
Perdiguero	7	356,9			2	24
Aneto-Maladeta	10	649,2	5	212,8	2	86,3
Arcouzán	1	5	1		1	1,8
Suma	55	2109,1			15	261,6

Las tres crisis

El número actual de glaciares es de 15. La reducción es más que significativa, pero lo realmente preocupante es la pérdida de superficie. En la PEH la superficie total de todos los glaciares sumaba unas 2.109 Hectáreas (ha) frente a las menos de 262 ha de la actualidad, lo que representa un descenso de casi el 88% desde la extensión inicial en la PEH. Los que aún conservan su estatus de glaciar son tan pocos que ya caben en una pequeña tabla:

GLACIARES EN 2012		
Nombre	Sup. en PEH (ha)	Sup. 2012 (ha)
Neous	58	3
Infiernos	32,8	5
Ossoue	102	45
Oulettes+ Petit Vig.	62	20
Gabietos	16	8
Monte Perdido	238,9	32
La Munia	18	3,3
Tardana	49	7,2
Gourges Blacs	44	2,5
Seil de la Baque+Port.	139	9,6
Aneto	261	50
Maladeta	121,3	22
Arcaízan	5	1,8
Suma	1145	209,6

De los 55 glaciares iniciales 23 se han extinguido, y 17 se han degradado a heleros por lo que solo quedan 15. De los glaciares extinguidos, el más grande era el de Pays Baché con 30 ha, aunque el de Llosas con 28,6 ha se extinguió primero hace ya bastante tiempo. De los que han pasado a heleros el más grande era el de Tempestades de 88 ha, que se escindió en tres glaciares, actualmente solo queda el helero central de 4,7 ha

Las tres crisis

De los que aún conservan su estatus de glaciar el más pequeño es el del Arcouzan, aunque es un glaciar muy especial porque está en una zona muy restringida y con acumulación de avalanchas. El glaciar mejor conservado es el de los Gabietos con pérdida del 50% y el de las Neous como el peor conservado con pérdida del casi el 95% de su superficie inicial, lo que le convierte en el próximo candidato a extinguirse completamente; le seguirá el de Gourges Blancs con pérdida del 94%.

Entre los cinco grandes glaciares de los Pirineos tenemos el siguiente balance: Durante la PEH el más grande era el del Aneto con 261 ha actualmente tiene 50 ha y mantiene su estatus de más grande de los pirineos a pesar de haber perdido casi el 81 % de su superficie. El segundo era el del monte perdido con 238,9 ha y pasa a tercera posición con 32 ha y una pérdida de casi el 87 %. El tercero era el de Seil de la Baque con 139 ha pasa a quinta posición con 9,6 ha con una pérdida cercana al 92%; además, es el tercer candidato a extinguirse después de el de Gourges Blancs.

El cuarto, el de la Maladeta con 121 ha pasa a tercera posición con 22 ha y pérdida cercana al 82%. Finalmente, el quinto el de Ossoue con 102 ha se ha conservado muy bien pasando a ser el segundo glaciar más grande de los pirineos con 45 ha y una pérdida de "solo" el 56 % de su superficie. Hay que tener en cuenta lo engañoso del procedimiento, pues lo que realmente importa es el volumen, es decir, su espesor medio y su superficie. Así, glaciares que se han mantenido sin apenas perder superficie es porque eran muy gruesos y han perdido mucho espesor, por lo que llegado a un punto crítico, pierden superficie muy rápidamente hasta extinguirse. Entre los de este tipo de estos, además del comentado de Ossoue, está el de los Gabietos y el de Arcouzán.

Otro dato a destacar es que la mayoría de los glaciares extinguidos lo han hecho en el último recuento de 2012 respecto al de 1998-2000, por lo que se puede decir que los glaciares han comenzado a extinguirse masivamente a partir del siglo XXI.

En resumen, se puede concluir que los glaciares de los Pirineos están en regresión terminal con pérdidas del orden del 90% y solo se espera su pronta extinción en pocos años a no ser que las condiciones climáticas cambien radicalmente, cosa que no parece que vaya a suceder.
Los glaciares de los Pirineos han sufrido mucho más que los de otras cordilleras el calentamiento global, debido a estar en unas condiciones muy límites de

Las tres crisis

altitud y climatología, haciendo de ellos un excelente indicador climático de la región que están pagando con su total extinción.

En cuanto a los grandes glaciares del mundo, la situación no es mejor. El aumento de la pérdida de masa de la capa de hielo de Groenlandia se atribuye a la rápida dinámica de cambios en las salidas de hielo de los glaciares de corriente rápida y una mayor fusión superficial.

Glaciares de Groenlandia

Desde la década de 1990 hasta el presente, muchos glaciares que terminan en el océano en Groenlandia han experimentado un aumento de velocidad y la retirada de su frente terminal. Se ha encontrado que estos glaciares responden con sensibilidad y rápidamente a las perturbaciones atmosféricas y oceánicas. Tres grandes glaciares, Jakobshavn Isbrae en Groenlandia occidental y los glaciares Helheim y Kangerdlugssuaq en el sureste de Groenlandia, casi duplicaron su velocidad de flujo a razón de decenas de metros por año.

Los recientes cambios dramáticos en estos tres grandes glaciares de Groenlandia resultan de procesos que actúan en el frente terminal y sugieren que la aceleración del glaciar Jakobshavn Isbrae es probablemente debida al debilitamiento del hielo de sus márgenes a lo largo de los últimos 35 kilómetros del glaciar.

Jakobshavn Isbrae

El adelgazamiento y la aceleración se producen en todos los sectores a lo largo de la línea de flujo, a pesar de la opinión de consenso de que sucede principalmente en el frente del glaciar. Varios estudios recientes proponen que el aumento de la descarga del Glaciar Jakobshavn Isbrae resulta de una reducción en la fuerza en los contrafuertes de la lengua de hielo flotante y concluyen que la aceleración observada es causada principalmente por la reducción de la resistencia de los márgenes laterales que limitan el movimiento rápido de la corriente, tal vez como resultado de un calentamiento del hielo subsuperficial o debido al mayor contenido de agua en profundidad. Sugieren que la aceleración del flujo observada del glaciar Jakobshavn Isbrae puede ser atribuida al efecto conjunto de los diferentes procesos, que son directa o indirectamente relacionados con la pérdida de la lengua de hielo flotante. De

Las tres crisis

acuerdo con estos estudios, se espera que los grandes eventos de ruptura y otros procesos conduzcan a un debilitamiento estructural o colapso total de la lengua de hielo. Una menor tensión ejercida sobre la parte del glaciar que descansa sobre tierra y la propagación de perturbaciones de tensión longitudinal hacia el glaciar dan como resultado un aumento de la descarga y adelgazamiento del glaciar.

Una alta tasa de fusión submarina puede explicar el aumento de la variación estacional en el flujo de velocidad del Jakobshavn Isbrae. Los aumentos en la tasa de fusión submarina provocan adelgazamiento, lo que desencadena la retirada del frente al producirse eventos de ruptura. Esta ruptura es resultado de una sustancial pérdida de sus contrafuertes e inicia una aceleración y adelgazamiento más acusados.

Petermann

El glaciar Petermann, un importante glaciar en el norte de Groenlandia, En 2010 sufrió dicho glaciar un gran desprendimiento de un trozo de 260 Km^2 de su superficie con amplia repercusión en la prensa generalista. En 2012 se produjo un hecho similar de otro trozo cercano a los 100 km^2 .Esta desintegración parcial de la lengua de hielo del glaciar plantea preocupaciones con respecto a su estabilidad en el futuro, en particular en lo que se extiende tierra adentro su lecho por debajo del nivel del mar, aunque a día de hoy es desconocido, se estima en torno a 100 km. Este hecho permitiría que el agua del océano penetrara profundamente tierra adentro si el retiro continuase. Por otro lado, proporciona un experimento natural ideal para investigar la respuesta dinámica de la capa de hielo.

La dinámica del glaciar Petermann es diferente a la presentada anteriormente para el Jakobshavn Isbrae, pues aunque una mayor fusión submarina da como resultado una gran reducción del hielo y un fuerte aumento del flujo de hielo a largo plazo, esto no explica la estacionalidad del glaciar Petermann. La fusión submarina en la parte delantera es un orden de magnitud menor que en la línea de conexión a tierra (o en el Jakobshavn Isbrae) y da lugar a un más importante adelgazamiento de la parte frontal, lo que puede provocar un retroceso, aunque no necesariamente una pérdida sustancial de hielo y una aceleración posterior.

Las observaciones y resultados de los modelos para el Glaciar Petermann contrastan con los procesos descritos anteriormente, demostrando que el desprendimiento de gran parte de la lengua flotante en agosto de 2010 no

Las tres crisis

afectó ampliamente el flujo glaciar, no aumentó la descarga de hielo ni modificó el lugar donde se encuentra la línea de tierra (donde el glaciar abandona el lecho y comienza a flotar sobre el mar). Observaciones por el satélite confirman que las fuerzas de resistencia en la región terminal del glaciar Petermann son muy pequeñas en comparación con las fuerzas más arriba de la línea de tierra. Por tanto, la pérdida de estas fuerzas de resistencia como resultado de la ruptura o debilitamiento del hielo en el margen lateral no afecta de manera significativa el flujo glaciar.

El evento de ruptura comentado fue un ejemplo extremo de variabilidad natural, que es común en los glaciares y, en menor medida, también ha sido observado para glaciar Petermann antes. La lengua glaciar se puede recuperar en 30 años. De acuerdo con los resultados del modelo a pesar de la reciente ruptura, no ha resultado en la aceleración del flujo ni en la retirada de la línea de conexión a tierra.

Por otra parte, el aumento de la superficie libre de hielo en el fiordo permite que la temperatura del mar de la superficie se eleve, lo que puede afectar a la circulación de agua del fiordo, y provoca un cambio en la fusión submarina. Además se ha observado que la entrada de calor en el fiordo es ahora tres veces mayor que el flujo anterior. Se ha analizado el efecto de triplicar las tasas de fusión submarinas en la dinámica de los glaciares. Los resultados indican que un aumento de la masa submarina fundida puede muy bien conducir a la completa eliminación de la lengua flotante y un dramático retroceso de la línea de conexión a tierra en un futuro próximo. Hay que tener en cuenta que en dicho estudio se asume un patrón constante de la tasa de derretimiento a lo largo de la plataforma.

Estos estudios sugieren que los cambios en la parte delantera del frente glaciar tienen poco impacto en la línea de tierra y en la geometría de la corriente del glaciar Petermann. Por lo tanto, a pesar de que es menos abundante el agua de deshielo tan al norte, el glaciar Petermann parece controlado principalmente por el agua de fusión producida en la superficie.

Las tres crisis

Tercera crisis. Colapso financiero

¿Saldremos de la Crisis volviendo a la Senda del Crecimiento?

Aunque el comienzo de la crisis económica ya parece lejano y muchos países parecen haber salido ya de ella hace mucho tiempo, lo cierto es que a nivel mundial el crecimiento es muy débil y aún hay muchos países en crisis, y los que no están en crisis tienen crecimientos muy cercanos a cero o inestables.

Desde que comenzó la crisis en 2007, cada uno atribuyó las causas de esta a cosas cada vez más peregrinas. Los de derechas dicen que la culpa es del exceso de regulación, los de izquierdas que de la falta de regulación. Pero nadie ni de izquierdas ni de derechas discute que hay que volver a "la senda del crecimiento", aunque a la vista está que nadie sabe cómo salir de la crisis.

Como decía Einstein, solo hay dos cosas infinitas: *El universo y la estupidez humana y de lo primero no estoy seguro*. También decía que *no hay mayor estupidez que querer cambiar las cosas y seguir haciendo lo mismo*. Es decir, no hay mayor estupidez que pretender salir de la crisis intentando volver al crecimiento que es lo que nos metió en ella.

El capitalismo y el mercado libre funcionan muy bien en un entorno abierto. En los últimos años el capitalismo ha adoptado la palabra globalización como algo nuevo y deseable, algo que abarca a todo el planeta, incluso muchas veces se adopta como sinónimo de sin límites, de infinito, abierto, pero la palabra globalización lleva implícito todo lo contrario: el sistema cerrado, global, esférico, no plano, limitado. Y el capitalismo en un entorno limitado no funciona mal, sencillamente no funciona. Se produce algo similar al teorema de la incompletitud de Gödel: el propio planteamiento lleva implícita su incompletitud, su paradoja, su imposibilidad, en suma, su autodestrucción.

El capitalismo se basa en el crecimiento natural, y por natural entendemos el crecimiento de los niños, de los árboles, de los rebaños, de las cosechas. En un mundo donde nuestro valle agrícola está rodeado de bosques infinitos, el capitalismo funciona muy bien, cada año puedo aumentar los terrenos de cultivo, los rebaños, la familia.

Las tres crisis

Pero desde el fin de la II Guerra mundial el mundo se ha ido globalizando cada vez más, sobre todo, a partir del siglo XXI con la entrada de Sudamérica y especialmente Asia, con China a la cabeza, en la economía global y capitalista.

Damos por sentado que todo debe continuar creciendo indefinidamente: la economía en general, las cosechas, las poblaciones, las producciones de materias primas, etc. Pero la economía se ha globalizado; mi expansión ha tocado la del vecino, mis tierras de cultivo han dejado de crecer porque han chocado con las del vecino que también crecían, ya no hay más bosques que talar, más peces que pescar. Se han alcanzado los límites del crecimiento. Pero el crédito, el dinero, la economía virtual siguió creciendo muy por encima del crecimiento "natural" y muy por encima de la economía real. Todo se sostenía por la confianza, la confianza en el crecimiento infinito, en la riqueza, en el dinero, en el crédito...pero ¿qué había debajo? Una economía estancada, y en 2007 todo estalló.

Si llenamos una botella de nutrientes y metemos una bacteria que se duplica cada minuto, en un minuto tendremos dos bacterias, en dos minutos cuatro, y así sucesivamente hasta que consuman todo el nutriente de la botella y mueran todas. Si el colapso se produce a las 12:00, ¿a qué hora habrá media botella libre? A las 11:59. ¿Y 3/4 libres? A las 11:58. Esto es el paradigma del crecimiento exponencial. Una exponencial duplica en intervalos de tiempo regulares.

Tendemos a pensar que la economía se "estanca" cuando crece al 1%, Y vemos en nuestra mente una línea plana, pero un 1% no es una línea plana, otros ven en su mente una pendiente suave del 1%, pero también es una visión errónea. Un crecimiento anual del 1% duplica la economía aproximadamente cada 70 años. El 2% duplica cada 35 años y el 4% duplica cada 17 años aproximadamente.

Cuando dicen que China crece al 10% anual hay que entender que duplica todo cada 7 años aproximadamente y que si hoy consume 10 millones de barriles diarios de petróleo, y crece al 10% durante los próximos 7 años, en 7 años consumirá 20 millones de barriles diarios (lo mismo que Estados Unidos o Europa) y en 7 más, es decir, en 14 años, 40 millones diarios (como en Estados Unidos y Europa juntos) y en 21 (7x3) años consumirá 80 millones diarios, lo que se lleva el 90% de la producción mundial de petróleo o no hay petróleo en el mundo para China o China dejará de crecer al 10% muy pronto (antes de 21 años en cualquier caso). De hecho, ahora ya crece al 7% aproximadamente con lo que está duplicando cada década y no cada 7 años.

Las tres crisis

Si no hay crecimiento hay crisis y China entrará en una crisis brutal muy pronto por este motivo; lo mismo sucederá en otros países emergentes como: India, Arabia Saudita, Brasil, Emiratos, Rusia, etc; mientras que los países ya ricos han entrado en economías estancadas como Japón desde los años 90 del siglo XX, Europa desde la crisis de 2007 y Estados Unidos lo hará en cuanto se acabe el nuevo maná de la fracturación hidráulica.

A comienzos del siglo XIX Malthus editó varios artículos sobre este tema, anunciando una pronta llegada de la humanidad a sus límites. Y falló estrepitosamente. Malthus tenía razón, pero no tuvo en cuenta, por ejemplo, las reservas de carbón, petróleo y gas (aún no utilizadas, ni descubiertas); tampoco tuvo en cuenta los avances tecnológicos. Esta nueva disponibilidad de energía barata y conocimiento científico permitió una duplicación más de las tierras de cultivo desde la época de Malthus, y la consiguiente duplicación de la población. Pero los avances tecnológicos permitieron otra duplicación más, no de las tierras de cultivo, sino de su rendimiento y no fue una duplicación, sino que se acercó más a una cuadruplicación.

¿Será posible otra duplicación más? Con los datos actuales, no hay más tierra física para duplicar los cultivos, y duplicar de nuevo los rendimientos de las cosechas solo sería posible adoptando técnicas similares a los Estados Unidos y Europa en todas las tierras de cultivo del mundo (y duplicando el consumo energético de nuevo), pero técnicamente sería posible. Esto nos llevaría otros 35-40 años más que es la velocidad a la que la economía y la población se han venido duplicando desde la revolución industrial y a unos 14.000 millones de habitantes. Una segunda duplicación (respecto a esta) sería imposible sin la energía de fusión, pero aún sería posible, aunque solo con energía de fusión. Si por algún motivo no conseguimos poner en marcha la energía de fusión a tiempo, se acabarán las duplicaciones y, por tanto, el crecimiento económico, y el capitalismo con él. Aún hoy la fusión sigue sin aportar un solo vatio a la red y el resto de energías han comenzado a no aumentar a la velocidad que la economía y sus duplicaciones le exige. La economía del crédito saltó por los aires en 2008 y la economía física le seguirá en los próximos años.

El crecimiento ha dependido en los últimos años muy directamente del petróleo y su previsible agotamiento puede acabar con el crecimiento. A continuación, recojo unas frases que dijo Faith Birol, Economista Jefe de la Agencia Internacional de la Energía.

Las tres crisis

"Algún día nos quedaremos sin petróleo; no se trata de hoy ni de mañana, pero algún día nos quedaremos sin petróleo y tenemos que dejar el petróleo antes de que el petróleo nos deje a nosotros. Y nos tenemos que preparar para ese día. Cuanto antes empecemos, mejor, porque todo nuestro sistema económico y social se basa en el petróleo, por lo que el cambio llevará mucho tiempo y exigirá mucho dinero y deberíamos tomarnos este asunto muy en serio"

El problema del crecimiento no son solo las reservas actuales, sino que, como se ha dicho más arriba, el crecimiento exponencial exige consumos cada vez más grandes, de tal modo que en palabras de Faith Birol una vez más:

"Incluso, aunque la demanda permaneciese estable, el mundo tendría que descubrir el equivalente a unas cuatro Arabias Sauditas para mantener la producción y unas seis Arabias Sauditas, si se desea satisfacer el aumento previsto de la demanda, entre ahora y el año 2030"

Aunque el petróleo no se acabe hoy ni mañana, la economía ni siquiera se sostiene con un suministro constante de petróleo, pues "exige" un suministro siempre creciente para perpetuar el ilusorio crecimiento económico.

Mucha gente piensa que las crisis son cíclicas y que, en cierto modo, "ajustan" la economía para que esta vuelva a crecer de nuevo. Piensan que después de este ciclo de recesión vendrá otro de expansión.

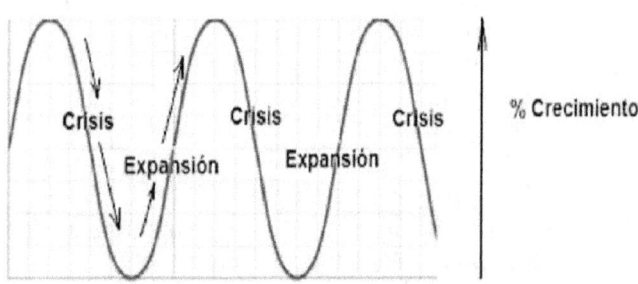

Ciclos idealizados de expansión y crecimiento económico.

Las tres crisis

Esta gráfica muestra ondas muy parecidas a las olas del mar, pero la realidad no es así. Los ciclos de crecimiento son más largos y más acusados que los de contracción, las olas del mar cabalgan cuesta arriba sobre una curva de Gauss, la curva de Gauss de la producción energética global. El crecimiento económico y los ciclos de expansión y crisis se parecen más a la curva roja de abajo cabalgando sobre una campana de Gauss.

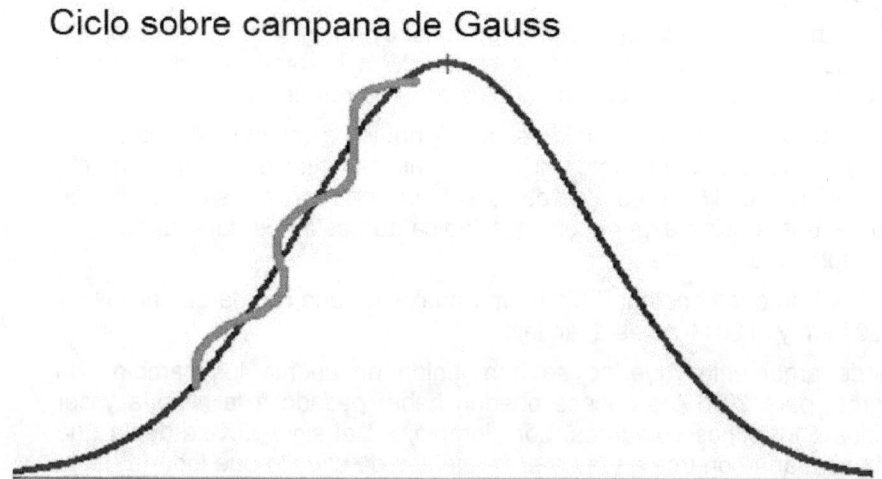

Visión más realista de los ciclos económicos, cabalgando sobre una curva de Gauss.

El crecimiento económico no es un valor absoluto, es una derivada; es decir, es un ritmo de cambio, como la velocidad de un coche.

Puedes ir por una autopista a 100 km por hora durante varias horas, llegar a tu destino y decir a tu amigo que has mantenido una velocidad constante de 100 Km/h, la idea en tu mente y la de tu amigo será de una constante, pero a nadie se le escapa que has seguido una trayectoria larga y has recorrido un montón de kilómetros, por lo que, si has seguido una trayectoria lineal, estarás a varios cientos de kilómetros de donde comenzaste.

El crecimiento económico mide el incremento del PIB respecto al año anterior; así que, si un país lleva creciendo a una media del 4% durante varias décadas,

Las tres crisis

su PIB puede ser varios órdenes de magnitud más grande que el inicial, y esto es apreciado como una constante en las mentes de mucha gente (un 4%).

En este caso mucha gente no es consciente de los órdenes de magnitud alcanzados por el PIB y, por tanto, la actividad económica real. Si, por ejemplo, en el año 1960 se construyeron 1.000 km de autopistas y estas crecieron a un 4% anual, en 1961 se construyeron 1.040 km; es decir, ya tenemos 2.040 km de autopistas en el país, en 1962 1.081 km y ya tenemos 3.121 km de autopistas.

En 1978 habremos duplicado y estaremos construyendo 2.026 km de autopista anuales con una red de 27.671 km; en 1996 habremos cuadruplicado y estaremos construyendo 4.103 km anuales con una red de 81.702 km, etc.

En cualquier país por grande que fuese acabaríamos asfaltando el país entero para poder sostener este ritmo de crecimiento, lo cual es completamente absurdo. Vemos el 4% como algo estático; pero, en realidad, es una tasa de cambio, es una función exponencial que indica que estamos duplicando cada 18 años aproximadamente.

En 2071 habría que construir 77.750 km anuales en una red de autopistas de 1.996.501 km y el 2071 no está tan lejos.

Se puede argumentar que no se han tenido en cuenta los cambios de paradigma, para 2071 los coches pueden haber pasado a la historia y ser sustituidos por coches voladores, por ejemplo. En el ciglo XIX se decía que Londres acabaría con una capa de excrementos de caballo que legaría hasta la rodilla; llegaron los coches y desaparecieron los caballos. Sin embargo el crecimiento continuó y mejoró la vida de los londinenses y estos no acabaron nadando en excrementos de caballo.

La energía y los recursos consumidos siguieron creciendo, y esto solo fue posible gracias al carbón primero y el petróleo después; luego, vinieron el gas natural y la energía nuclear. Todas estas energías son fósiles; se usan una vez y se agotan. Se puede pensar que el desarrollo tecnológico pondrá a nuestra disposición las energías renovables y la fusión o alguna energía aún desconocida.

¿Por qué la producción energética tiene que tener la forma de una campana de Gauss y no otra? Esta forma es debida a que se explotan recursos no renovables. La fusión es lo único que sí nos sacaría de esa curva de Gauss. ¿Y qué hay de las energías renovables en plena expansión? ¿No crecen siguiendo una exponencial? Sí, pero en valores absolutos apenas representan

Las tres crisis

una línea recta que casi no despega del cero, al compararlas con la curva de Gauss de los recursos no renovables. Aunque si su crecimiento es exponencial, pronto sus valores serán significativos y alcanzarán valores absolutos enormes y comparables con las energías fósiles. Hay que tener en cuenta que las energías renovables están muy dispersas, tienen unos valores absolutos muy altos, sin embargo son aprovechables en porcentajes muy bajos. Pronto alcanzarán el límite teórico de explotación y este es muy similar o inferior al alcanzado ya por los recursos no renovables.

En términos absolutos la energía aportada por las energías renovables no parece que nunca vaya a superar a la energía utilizada ya hoy gracias a los recursos no renovables. También se piensa que con energía solar se podría abastecer el planeta de sobra. Esto podría ser posible si se defiende un modelo de energías renovables, pero ello implica un modelo sin crecimiento económico. La energía necesaria para poner en marcha dicho sistema de renovables sería tanta como la que estas produjesen; si las renovables no acaban de despegar no es porque haya un complot en contra del desarrollo de las renovables, es simplemente una cuestión económica: sigue siendo mucho más barato explotar los recursos no renovables que los renovables y tampoco es una cuestión de contabilidad financiera, sino más bien de Tasa de Retorno Energético, TRE. La TRE de las renovables es muy inferior a la de los recursos fósiles, aunque la de estos disminuye rápidamente y pronto serán igual de poco competitivas, o poco rentables expresado en términos financieros.

Lejos de sustituir a las energías fósiles, estas últimas se harán igual de anticompetitivas, la rentabilidad económica de explotar petróleo o aerogeneradores será igual de pequeña y será todo más caro, más difícil de obtener.

Todavía hay una posibilidad de alcanzar el crecimiento infinito, como se ha comentado antes: la fusión nuclear. Se espera poner en marcha el primer reactor de demostración a partir de 2022 y luego habrá que esperar otros diez años como mínimo para su explotación comercial y tal vez otros diez años más para su explotación masiva, nos vamos a 2042 como mínimo. Para entonces la producción de petróleo podría ser la mitad de la actual y la de carbón puede estar estabilizada en el mejor de los casos.

Como mínimo estaríamos en un cuello de botella energético, siendo optimistas. Podría ir más de prisa y estar lista en 2030 y mientras podemos disponer del petróleo procedente de la fracturación hidráulica y los petróleos polares. O

Las tres crisis

podría no estar nunca. Hoy por hoy no hay fusión. Y si nunca hubiera fusión ¿qué pasará?

Los siglos XX y XXI serán recordados como los siglos de las luces literalmente. El siglo XX cuesta arriba y el XXI cuesta abajo. Los ciclos económicos cabalgan sobre una curva de Gauss y ahora estamos arriba y comenzando a bajar, por eso ha cesado el ciclo expansivo de la economía y no hay manera de remontar la crisis.

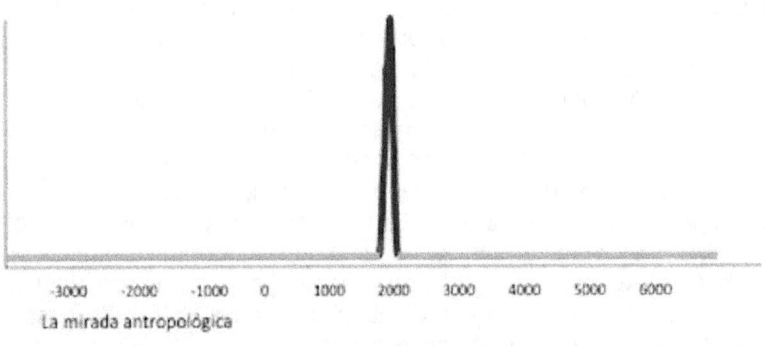

Inspirado por Daniel Gómez. Presidente de AEREN ASPO Spain

Ciclo económico actual, sobre una visión histórica y prospectiva.

En cuanto a la fracturación hidráulica y los petróleos no convencionales, ¿no nos permitirán burlar la caída hasta que llegue la fusión? El problema de estos petróleos es que tienen una TRE mucho más baja, por eso comienzan a ser rentables ahora y no antes, su explotación comercial es la mejor prueba de que el petróleo convencional se está agotando realmente. No es una especulación, lo dice el mercado.

En la figura de abajo se muestran tres posibilidades: todo convencional, con fracturación hidráulica y con energía de fusión. Una cuarta posibilidad sería unir la opción 2 y la 3 con fracturación hidráulica y fusión. En cualquier caso, nos espera una crisis energética que conllevará una crisis económica profunda.

Las tres crisis

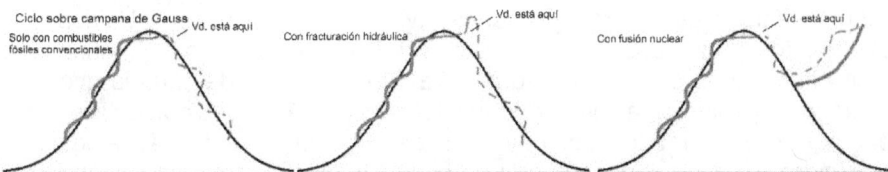

Tres posibles escenarios de los ciclos económicos cabalgando sobre la curva de Gauss.

La solución más lógica a esta crisis sería limitar el crecimiento y tratar de decrecer de forma ordenada sin perder puestos de trabajo y redistribuyendo de la forma más equitativa posible la energía y los recursos cada vez más escasos, hasta que la fusión, si finalmente llega a buen puerto, nos permita eludir la crisis.

Para los que piensan que la fusión será la salvación deben tener en cuenta que con petróleo barato hemos destruido buena parte de la Tierra, la energía casi gratis de la fusión sería más una maldición que una bendición.

La deuda de los Estados Unidos

En términos absolutos la deuda de los Estados Unidos supone más de 19 billones de dólares y una de las más altas del mundo en términos relativos (del orden del 73% de su PIB).

Hace unos años Alan Greenspan, antiguo presidente de la FED, dijo: "Estados Unidos siempre paga, porque **lo único que tiene que hacer es imprimir dinero.**"

Alemania en los años 20 del siglo pasado sufrió un periodo de hiperinflación precisamente por su abultada deuda cuando se rindió a la tentación de imprimir billetes; la inflación aumentó tanto que los niños acabaron jugando con fajos de billetes. De hecho, cualquier economista sabe que si un país que imprime billetes por encima de su riqueza aumenta su inflación, se le puede ir de las manos y finalmente es necesario utilizar un buen montón de billetes para comprar una barra de pan. ¿Cualquier país? Como dejó ver Alan Greenspan con su sorprendente frase, parece que los Estados Unidos han conseguido el "milagro" de poder imprimir billetes sin que aumente su inflación.

Las tres crisis

Pues la respuesta a esta paradoja resulta inverosímil. Los Estados Unidos fuerzan a que todas las transacciones de compra venta de petróleo del mundo se realicen en dólares, de tal modo que para cualquier país del mundo que quiera comprar petróleo en el mercado mundial solo podrá hacerlo con dólares americanos. De este modo cualquier país deberá comprar dólares a los Estados Unidos antes de poder comprar petróleo a cualquier otro país, aunque pertenezca al eje del mal. Así, por muchos dólares que imprima la reserva federal de los Estados Unidos estos dólares saldrán del país y acabaran almacenados en los bancos centrales de Arabia Saudita, Kuwait o más recientemente el banco central de China y por otros motivos ajenos al petróleo. En otras palabras, los Estados Unidos toman a todos los países del mundo como rehenes de la mayor estafa económica de la historia de la humanidad.

Estados Unidos emite billetes según sus necesidades, financia su deuda, absorbe bienes y servicios del resto del mundo a cambio de papeles de colores llamados dólares que acaban físicamente almacenados en los bancos centrales de terceros países; por lo que ellos toman lo que quieren, pagan sus deudas y no aumenta la inflación y encima a la mayoría de los terceros países no les importa y entran alegremente en el juego, incluidas las víctimas, países exportadores de petróleo y China.

¿Y por qué digo víctimas? ¿Qué pasará el día que China o Arabia Saudita quieran dar uso a sus dólares? De momento, a los árabes les ha ido muy bien, han tenido dinero para vivir como jeques. Aunque ha pasado desapercibido el hecho de que lo han hecho poco a poco. Es decir, han acumulado dólares a mucha mayor velocidad que los han gastado.

¿Qué pasaría si tuvieran la tentación de sacarlos todos a la vez? Pues el mercado se vería inundado de dólares americanos y su valor caería bruscamente. ¿Por qué no ha sucedido hasta ahora? Porque había petróleo y, por tanto, bienes y servicios baratos en abundancia.

A los árabes (sauditas) no les ha interesado hacer eso porque ya tienen dinero de sobra, aunque tienen un problema: su banco central acumula dólares, sin parar. China acumula grandes cantidades de dólares y deuda soberana norteamericana, por lo que tampoco le interesa sacar sus dólares, aunque sabe que acumula mucho y si los saca, estos se devaluarían perjudicándose a sí misma.

Así que, en principio todo parece en calma y de momento así seguirá; por eso las agencias de rating no ven problemas con la deuda de los Estados Unidos y su inflación no aumenta, aunque impriman todos los billetes que necesiten.

Las tres crisis

Esto no se puede sostener indefinidamente. A medida que la energía disponible y con ella la producción de petróleo comiencen a disminuir, la cantidad de dólares necesaria para las transacciones comenzará a disminuir, los Estados Unidos comenzarán a acumular deuda justo en el mismo momento en que el resto de países del mundo se vean obligados a vender dólares antes de que pierdan su valor. Esto dará pie a una espiral impredecible que acabará en un colapso total y absoluto del mundo financiero. Puede suceder justo antes del pico del petróleo o justo después, pero irá muy ligado a él.

Razones físicas

En 1971 los Estados Unidos abandonaron el patrón oro para el dólar de tal forma que el dólar dejó de estar respaldado por el oro y esto dio pie a la posibilidad de imprimir dólares de forma ilimitada. Esta decisión se pudo sostener y el dólar, no perdió valor porque en la práctica el dólar, aunque dejó de ser respaldado por el oro, comenzó a ser respaldado por el petróleo, bien valioso tanto o más que el oro (el oro al fin y al cabo no sirve para gran cosa), abundantísimo y que genera un trabajo útil para la sociedad (de ahí la enorme riqueza de los Estados Unidos). Pero no tuvieron en cuenta que el petróleo se quema y el oro no.

El petróleo no se agotará nunca, nunca se extraerán del subsuelo los últimos millones de barriles. Pero ese no es el problema, el problema es durante cuánto tiempo más se podrá sostener una extracción de 90 millones de barriles diarios (se dice pronto) para mantener en pie el sistema económico mundial.

Los precios del petróleo han comenzado a ser inelásticos, es decir, antes el precio era estable independientemente de las circunstancias; desde el año 2000 aproximadamente cada problema geopolítico o técnico o de cualquier tipo se ha traducido en fuertes oscilaciones del precio. La economía mundial está en parada chirriante y la producción de petróleo se ha estancado (aunque la producción continúa subiendo, el petróleo disponible para la economía se ha estancado, pues cada vez se consume más petróleo en extraer petróleo adicional, cosa que antes no pasaba). Lo que entre otras cosas está provocando el hundimiento del sistema financiero, basado en el crecimiento y endeudamiento infinitos.

Pronto comenzará a descender la producción mundial neta de petróleo (ahora se mantiene gracias al fracturación hidráulica), pero la producción de la fracturación hidráulica cae rápidamente y obligará a perforar toda la superficie perforable. A pesar de todo, la producción caerá y el precio oscilará cada vez

Las tres crisis

más hasta que deje de ser relevante. El comercio mundial se verá muy mermado, los países no tendrán recursos para comprar más dólares para comerciar con petróleo, y los productores o antiguos productores se verán obligados a comprar con los dólares almacenados en sus bancos centrales; el valor del dólar caerá y el del petróleo oscilará aún más, con grandes subidas y bajadas. El flujo de dólares cesará y los Estados Unidos necesitarán endeudarse más justo cuando menos disposición haya de los demás a comprar su deuda o comprar sus dólares. Los Estados Unidos no podrán endeudarse eternamente y mucho menos si lo hacen apoyados en un recurso que está dando signos de agotamiento.

El valor del dólar caerá hasta casi cero, cosa que da la impresión que acabará sucediendo se saquen al mercado o no los dólares guardados en los bancos centrales; así que, primero, veremos cómo los fondos árabes y chinos compran el mundo, cosa que ya está sucediendo, y el posterior colapso del dólar y hegemonía de los Estados Unidos. En cualquier caso, los Estados Unidos se empobrecerán mucho junto con el resto del mundo y probablemente las tensiones internacionales aumenten hasta la guerra.

La deuda de los Estados Unidos es impagable[9]

Los Estados Unidos están entrando con su deuda en un punto de no retorno. Esto es algo ambiguo, pero no hay que olvidar que una exponencial acaba siendo prácticamente un muro contra el que se choca, y el momento exacto no está definido, pero es bastante estrecho. Por tanto, no sabemos en qué límite de deuda los Estados Unidos entrarán en bancarrota, pero ya casi podemos saber con precisión que será pronto, pues la exponencial ya se ha puesto demasiado cuesta arriba.

Las tres crisis

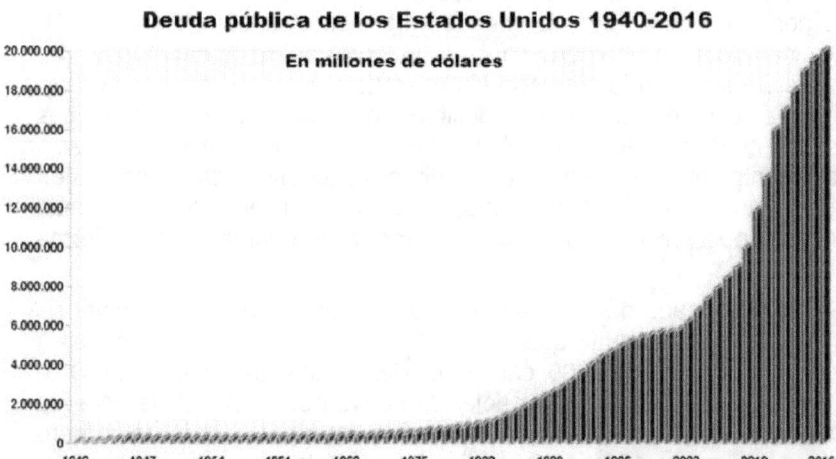

Deuda exponencial de los Estados Unidos. En 2017 rebasará los 20 billones de $.

En algún momento, probablemente antes de 2020 o en cualquier caso no mucho después, la exponencial se hará prácticamente vertical y su deuda aumentará hasta casi el infinito. Será el momento de la quiebra o de dejar de endeudarse bruscamente, lo que será prácticamente lo mismo. A la vista de la gráfica da la impresión que sucederá lo segundo.

La deuda de Estados Unidos es dos veces mayor que la deuda de toda Europa. El alto déficit de Estados Unidos ya no es un problema transitorio, se ha convertido en un problema estructural que puede incrementar el interés que pagan por su deuda y hacer vivir en carne propia a Estados Unidos el ya conocido drama griego. Solo que esta vez no creo que haya quien pueda rescatarles a no ser que sea endeudándose todavía más.

Estados Unidos se encuentra una vez más muy cerca del techo, y necesita una nueva inyección de dinero. Tendrá que solucionarlo ya, porque elevar hoy el techo hasta dentro de unos meses es dar patadas hacia delante al problema, lo que pasa es que el balón se hace cada vez más grande hasta que al darle la patada explosione.

Las tres crisis

Durante más de 40 años Estados Unidos ha consumido más de lo que ha producido por culpa de la idea del crédito y el endeudamiento. Desde 1971, Estados Unidos no hace más que consumir, a costa del resto del mundo. Se pensaba que sería el propio mercado el encargado de reequilibrar ese gasto. Y el mercado efectivamente acaba reequilibrando, el problema es que muchos economistas, cuando ven que el mercado reequilibra hacia un sitio (empobrecimiento) piensan que va en la dirección equivocada e intervienen tratando de llevarlo hacia el lado contrario; de tal forma que el reequilibrio acaba produciéndose, pero en vez de hacerse de forma gradual lo hace de forma catastrófica.

Desde los años 70, cada dólar de deuda extra genera menos de un dólar de crecimiento de PIB, lo cual quiere decir que desde entonces se está consumiendo capital. Desde 2006, cada dólar de deuda extra contrae el PIB de Estados Unidos. En 1950, por cada dólar de nueva deuda el PIB de Estados Unidos crecía 3 dólares. En 1971, esa relación cayó por debajo de 1, pero todavía era positiva. En 1969 Melchor Palyi advirtió lo que estaba pasando, aunque nadie le hizo caso. Cuando la relación de productividad marginal de la deuda cae por debajo de 1, la economía empieza a consumir capital (que es como si los agricultores consumieran el grano destinado a plantar las próximas cosechas). En 2006 la relación entró en terreno negativo por primera vez, lo que debió encender las luces de alarma de catástrofe inminente. "La economía se colapsará como un globo pinchado. En vez de hiperinflación y la destrucción del dólar, habrá deflación y la destrucción de la economía."

Techo de deuda

Recientemente se produjo el cierre de la administración norteamericana durante dos semanas hasta que se aprobó el nuevo techo de deuda. Dicho techo establece la cantidad de deuda asumible por el país y la idea es no rebasarla. Esta ley se instauró en 1917. Inicialmente este techo solo se rebasaba para objetivos específicos como la construcción del canal de Panamá.

Sin embargo, la inflación va dejando pequeño este techo de deuda, lo que ha obligado a aumentar este techo constantemente (hasta 74 veces), a pesar que desde el fin de la II Guerra Mundial hasta 1982 la deuda disminuyó y no fue necesario aumentar dicho techo. Sin embargo, la deuda ha tomado una senda alcista exponencial, lo que ha triplicado esta deuda en los últimos 15 años, y desde 2005 se ha duplicado. Esto no solo pasa en Estados Unidos, todos los

Las tres crisis

países de economía de mercado utilizan deuda en algún momento para financiarse.

Deuda por países

Muchas veces no se tiene en cuenta que la deuda es dinero que nos da alguien y al incrementarse esta exponencialmente no sabemos hasta dónde estarán dispuestos a seguir prestándonos ni a qué tipo de interés. Esto es lo que les sucedió a algunos países europeos, con Grecia a la cabeza cuando no hace mucho tiempo con la crisis de la deuda tuvieron que financiarse a intereses de usura y tuvieron que ser rescatados por la Unión Europea y el FMI.

Además, los países europeos no tienen techo de deuda, cosa que es poco relevante, pues los Estados Unidos lo aumentan a necesidad, lo que es prácticamente igual que no tenerlo. Se estima que el nivel de deuda pública asumible por un estado se encuentra sobre el 90% de su PIB.

Se denomina deuda pública por PIB al total acumulado de todos los préstamos menos los reembolsos del gobierno que están denominados en moneda nacional del país. Esta es la que no debe superar el 90% citado anteriormente.

Japón supera ya ampliamente el 200%, aunque en los Estados Unidos están aun cómodamente por debajo del 90%. El problema es que su deuda en términos absolutos es enorme y va a ser difícil que pueda seguir incrementándose al ritmo que lo hace. Si Japón con más del 200% no ha entrado en quiebra es por la disciplina de su pueblo y porque los acreedores son ellos mismos, eso se ve mejor en su deuda externa que roza el 60 %.

La denominada deuda externa es "La deuda pública y privada total contraída con no residentes reembolsable en moneda extranjera, bienes o servicios."

Aquí el peor país situado con mucha diferencia es Irlanda con el 781 %, aunque la está disminuyendo lentamente.

Deuda creciente

Puede que la deuda de los Estados Unidos sea muy grande, pero la mayoría de los países del mundo tiene deudas enormes, no tan grandes en términos absolutos como la de los Estados Unidos, pero sí muy grandes en términos relativos. Algunos la están disminuyendo, aunque otros la aumentan a gran velocidad como, por ejemplo, España.

Las tres crisis

Una forma de pagar la deuda es devaluar la moneda. Pero para el que lo hace todo es cada vez más caro, aunque, como contrapartida, exportan más barato.

Cada estadounidense debe unos 60.000 $. Estamos hablando de deuda pública, lo que debe el Estado. Si hablamos de deuda privada, lo que realmente deben los ciudadanos, la cifra total supera los 66 billones de $, que hace más de 200.000 $ de deuda por cada habitante y más de 800.000 $ por familia.

Resulta muy difícil pensar que cada familia estadounidense pueda pagar con su trabajo más de ochocientos mil dólares no en un año ni en dos sino en toda una vida.

Pero esto es la deuda de empresas privadas. La deuda real de la gente como se ha dicho, supera los 110.000 $ por cada ciudadano, y esta deuda es de cada ciudadano, esté en activo o no, tenga 3 años o 100.

Además, la deuda de los Estados Unidos, lejos de estar disminuyendo, continúa aumentando. Con más de 47 millones de jubilados y más de 10 millones de desempleados, uno se puede hacer una idea de cómo acabará esto. En total, hay más de 90 millones de personas que no trabajan en un país de unos 320 millones de habitantes.

El ejemplo del repartidor y el crecimiento de la deuda

Cuando un prestamista presta su dinero a alguien lo hace con la intención de que a quien le presta ese dinero lo invierta en algo que aumente su capacidad de producir dinero y, por tanto, pueda devolver su deuda. Por ejemplo, si se lo presta a un repartidor que va a pie y el repartidor se compra una moto ahora podrá repartir mucho más deprisa y ganar más dinero con el que pagar la deuda. La deuda del repartidor nunca será un problema si sus ingresos crecen a un ritmo superior a su deuda. Si el repartidor, en vez de comprarse una moto, se gasta el dinero en otra cosa, como comprar comida para comer él mismo, entonces el prestamista puede comenzar a temblar.

Seguros de deuda

Mientras los Estados Unidos y otros muchos países como los europeos se endeudaron para comprar maquinaria y construir carreteras, esas inversiones hicieron que la economía creciese por encima de la deuda y no hubo problemas en devolverla en su plazo. Pero actualmente las economías occidentales están saturadas de bienes productivos y la nueva deuda no se usa para fabricar o comprar nuevas maquinarias más eficientes, sino para pagar a los funcionarios

Las tres crisis

o, en el mejor de los casos, para mantener las infraestructuras operativas (como el repartidor que se lo gastaba en comer).

Eso hace que el crecimiento de estos países sea muy bajo, del 1 o 2% en Estados Unidos y muy cercano a cero en Europa, mientras que, por ejemplo la deuda de los Estados Unidos crece un 9,4 % anual. Eso implica que el PIB tendría que crecer como mínimo un 9,4% anual para que no hubiese problemas.

Con este panorama los famosos CDS o seguros de deuda tarde o temprano acabarán disparándose, aunque da la impresión de que lo hará cuando sea demasiado tarde, porque a día de hoy parece que la deuda ya es impagable. Además, los propios CDS consisten en movimientos especulativos que crecen enormemente, como sucedió con la quiebra de Fannie Mae y Freddie Mac y si quiebran los Estados Unidos, dudo mucho de que quien haya asegurado su deuda cobre el seguro.

Los tipos de interés y el funambulista

Un funambulista sobre un alambre lleva una pértiga horizontal sobre su cuerpo y él la sujeta aproximadamente por la mitad, de tal forma que si su cuerpo se escora hacia un lado, basta con alargar ligeramente la pértiga al lado contrario para que haga contrapeso y volver de nuevo al equilibrio. Esta técnica funciona si los desequilibrios no son muy grandes; si una vez escorado al funambulita se le termina la pértiga, este acaba cayendo.

Los tipos de interés de los bancos centrales se parecen mucho a la pértiga del funambulista; si la economía se recalienta y crece muy deprisa, los bancos centrales suben los tipos y entonces pedir un crédito es más caro, y además los más favorecidos con mucho dinero en el banco pueden permitirse vivir de los intereses y sin trabajar. De este modo la economía se ralentiza, menos crédito, menos negocio y menos gente con necesidad de trabajar.

Si por el contrario la economía se ralentiza, es decir, el crecimiento se hace cercano a cero o negativo, los bancos centrales bajan tipos de interés. De este modo, pedir un crédito es más fácil; los que vivían de las rentas se tienen que poner a trabajar, pues los intereses ya no dan para vivir. Así que hay más actividad y más gente trabajando.

Las tres crisis

Así que, como la pértiga del funambulista, los tipos de interés sirven para reequilibrar la economía haciendo contrapeso para el lado contrario de donde vaya esta. Desde los años 90 los tipos de interés están disminuyendo claramente, pero fue con la crisis de 2008 cuando la economía comenzó a decrecer y los bancos centrales comenzaron a reducir aún más los tipos de interés para reactivarla. En principio, esta se reactivó ligeramente, pero de forma tímida, por lo que nueve años después, los tipos siguen muy bajos y hasta el BCE se ha visto obligado a reducir de nuevo los tipos en Europa, mientras que los Estados Unidos quieren subir los tipos, pero no acaban de decidirse a ello.

A pesar de ello, el efecto de los tipos no acaba de llegar. Es como si el funambulista sujetara ya nervioso la pértiga por uno de sus extremos, pero él continuase fuertemente escorado hacia el lado contrario.

¿Por qué no llega el crecimiento? Tenemos la falsa idea de que el crecimiento es estabilidad, pero es falso. El crecimiento representa la cantidad de bienes y servicios de más con respecto al año pasado; es decir, si este año hemos crecido es porque hemos hecho más cosas que el año anterior y así sucesivamente todos los años, como ya se explicó al principio de este libro.

Una bajada en el porcentaje de crecimiento no significa una ralentización de la economía. Esto se entiende más fácilmente con el concepto de velocidad y aceleración: Si voy conduciendo a 100 Km/h y paso a 150 km/h he acelerado un 50%; si luego me pongo a 200 Km/h he acelerado un 25%, pero eso no significa que haya ralentizado nada, sino todo lo contrario. Se ha ralentizado la aceleración, pero no la velocidad. El PIB es la velocidad y el porcentaje de crecimiento es la aceleración.

Un crecimiento del 4% significa duplicar la economía cada 17-18 años y esto no es sostenible y pretender hacerlo cada 10 años como en China mucho menos, y sobre todo ahora con la producción de petróleo en meseta ondulante desde 2005 y con pocas expectativas de subir, a pesar de los nuevos desarrollos de fracturación hidráulica y otros petróleos no convencionales. 18 años pasan rápido. ¿Será posible quemar 180 Millones de barriles diarios de petróleo dentro de 18 años si hoy quemamos 90 Millones diarios? Parece que ni con petróleo ni con otros sustitutos como dicen los tecno-optimistas. Los próximos 18 años no creceremos sostenidamente al 4%. No es cuestión de fe o de economía, bastan las matemáticas de secundaria.

Las tres crisis

El ejemplo del funambulista es bueno para ilustrar el efecto de contrapeso de los tipos de interés, pero un funambulista sobre un alambre suele caminar sobre un alambre plano, mientras que para que la economía se considere estática, esta, como acabo de explicar, está obligada a crecer constantemente.

Es decir, para hacer el ejemplo más parecido a la realidad, el funambulista no avanza por un alambre plano, está subiendo por un alambre con forma de exponencial, pues un crecimiento sostenido del X% no se representa por una recta ni por una pendiente, se representa por una exponencial. El funambulista, por mucho que se esfuerce y mantenga el equilibrio llegará un momento en que la pendiente será tan grande que no podrá seguir subiendo. Si a pesar de todo le obligamos a subir, pase lo que pase, el funambulista acabará perdiendo el equilibrio y cayendo del alambre.

La economía ha tocado los límites físicos de la Tierra y, a pesar de todo, se le obliga a seguir subiendo. Ya no sirve la pértiga de los tipos de interés, aunque los pongamos a cero, la economía seguirá cerca del crecimiento cero o descendiendo. Incluso ya hemos comenzado a ver tipos de interés negativos.

Por tanto, las medidas de equilibrio del pasado ya no sirven; para reconducir la situación hay que aceptar que la economía ya no puede crecer. A partir de ahora hay que gestionar los recursos escasos y el decrecimiento; si nos empeñamos en hacer crecer la economía con medidas del pasado y basadas en la ilusión imposible del crecimiento infinito, el funambulista acabará cayendo por el precipicio. Lo malo de esta historia es que en la mochila del funambulista vamos todos.

Las tres crisis

Banca de inversión y la próxima crisis

La economía actual es muy compleja, pero no por ello deja de ser economía, es decir, tratar de hacer las máximas cosas posibles con el menor costo (de recursos y tiempo fundamentalmente) posible.

Voy a tratar de explicar lo que he conseguido entender sobre cómo funciona la economía actual, y en concreto, los bancos de inversión, con un ejemplo muy sencillo, aunque muy visual. Evidentemente, la simplificación llevará a situaciones absurdas, pero voy a tratar, si se producen, de compararlas con la realidad para ver que no hay absurdo.

El ejemplo es muy sencillo. Una plantación de árboles para un aserradero, y su gestor, y por otro lado, un gestor de un fondo de inversión que trabaja para un banco de inversiones.

El enunciado de la simplificación sería de este estilo:

Tenemos una plantación de árboles de 1.000.000 de metros cúbicos [a partir de ahora m³] de madera, de la cual el gestor sabe que puede extraer todos los años de forma sostenible 20.000 m³, y ojo con la palabra sostenible, porque los nombres y su significado son muy importantes, como se verá más adelante.

Sostenible significa que el gestor y sus empleados podrán vivir de este negocio indefinidamente y cuando se jubilen lo tomarán sus hijos y luego sus nietos y así indefinidamente.

Esto quiere decir que la tasa de crecimiento de la plantación es del 2% y el gestor todos los años tala el 2% de la plantación y la repone inmediatamente con plantones que no podrá talar en 50 años, justo el tiempo en el que volverá a talar ese 2% y que a los arboles les llevará hacerse adultos.

El gestor sabe que si tala más de 20.000 m³ al año tendrá que compensarlo talando menos en años sucesivos y si quiere aumentar su producción, tendrá que comprar más superficie para cultivar, pero nunca talar más del 2% anual que es lo que crecen los árboles de forma natural.

Un día el gestor vio en el banco un anuncio de un fondo de pensiones que le rentaba un 4% y decidió contratarlo.

Las tres crisis

El gestor del fondo de pensiones, en realidad, ha cambiado el nombre al fondo de inversión y lo llama plan de pensiones. Lo que hace con el dinero del gestor de la serrería es fijarse en la serrería (aquí el primer absurdo, en la economía real no hay una sola empresa, hay muchas; por tanto, el dinero del gestor del aserradero irá a parar a financiar otras empresas y el dinero de otras personas financiará el aserradero, pero básicamente el dinero que va, vuelve y es lo que quiero reflejar.)

En definitiva, en el aserradero entra capital externo que el gestor utiliza para comprar nuevo material (sierras, etc.), pero las condiciones que pone el gestor del fondo de inversión es sentar en la junta directiva del aserradero a dos gestores del fondo y aquí es donde empiezan los problemas.

El gestor del aserradero necesita dinero para financiar la renovación del equipo, ese dinero es prestado por un banco de inversión. Pero el dinero no pertenece al banco, sus legítimos dueños son miles de personas que han confiado sus ahorros o sus fondos de pensiones al banco para que les dé una rentabilidad, y en ese paquete puede ir perfectamente el dinero del plan de pensiones del propio gestor del aserradero.

Ahora nos encontramos con varios problemas:

1º El aserradero no puede ofrecer más de un 2% de rentabilidad anual (de forma sostenible). Si se fijan bien, En realidad, el crecimiento del negocio es del 0% anual.

2º Las decisiones ya no las toma el gestor del aserradero, pues ha quedado en minoría y ahora el aserradero es gestionado por el banco de inversión que quiere una rentabilidad anual del 4%.

3º El gestor del aserradero no sabe que su plan de pensiones está financiando su propio aserradero, y por tanto, el 4% de rentabilidad que ofrece es ficticio (o insostenible).

Los gestores (del banco) deciden que el aserradero contratará más personal y comprará más herramientas para producir 40.000 m^3 de madera al año. El gestor de aserradero está en contra, pues sabe lo que esto significa, pero como está en minoría se decide seguir adelante con el nuevo plan.

Aquí hay que resaltar la importancia del significado de las palabras y lo importante que es llamar a las cosas por su nombre.

20.000 m^3 anuales de madera es la producción o beneficio del aserradero, pero los 20.000 m^3 adicionales que el banco de inversión añadirá a la "producción"

Las tres crisis

para "crecer" (sin comprar nuevas tierras se entiende) no es ni nueva producción ni crecimiento, es capital. Es decir, el banco de inversión hace "ingeniería financiera", que no es otra cosa que llamar producción al capital.

Esto lo sabe el gestor del aserradero y se echa las manos a la cabeza. Los gestores del fondo de inversión que no conocen el negocio, tal vez se vean cegados por los beneficios y no lo vean (esto es otro absurdo de la simplificación; aquí es muy fácil ver el error de los gestores del banco de inversión, pero en la economía real los gestores no pueden conocer a la perfección los miles de negocios en los que invierten, y en definitiva, deciden).

Durante los primeros años el fondo ofrece un 4% anual y el aserradero duplica su producción cada pocos años, pues años después los gestores deciden producir 80.000 metros cúbicos al año (para mantener el 4% anual deben, en realidad, duplicar la producción cada 17 años aproximadamente).

A medida que pasan los años la plantación va mermando y ya no produce los 20.000 m^3 anuales (de forma sostenible), sino mucho menos, pues se ha talado más de la mitad del capital y se ha extraído llamándolo producción para "sostener" el crecimiento de la compañía y de los beneficios. Tarde o temprano llega un día que los 80.000 m^3 representan los últimos árboles de la plantación.

Los gestores evidentemente decidieron replantar lo que iban talando, pero ahora los árboles más antiguos tienen apenas 15 o 20 años y no 50 como antes. En un gesto desesperado deciden talar estos árboles jóvenes para "sostener" la producción del siguiente año, pero al ser mucho más pequeños tienen que talar la plantación entera en apenas unos pocos años. Finalmente, la plantación se queda sin árboles, aunque los gestores, obligados a ofrecer un 4% de rentabilidad anual, se ven obligados a vender los equipos, las sierras fundamentalmente y a despedir al personal para ahorrar costes. (Otro absurdo de la simplificación extrema, se ve claramente que ya no son necesarios los empleados ni los equipos, pues se han quedado sin árboles, en la economía real esto no es tan evidente).

Esto dará beneficios un año más o dos, pero al año siguiente estallará la crisis, el aserradero cerrará y el banco de inversiones dirá a sus clientes que no hay dinero ni beneficios ni planes de pensiones.

Las tres crisis

En la actualidad, la economía se asemeja mucho (muchísimo) a la parte final en la que se despide gente para ahorrar costes (¿les suena?). Se venden las sierras, pues la parte en la que talaban más de lo que podía producir el bosque comenzó hace ya muchas décadas en la economía real.

La banca de inversión, muchas veces demonizada no opera con malicia, sino más bien con ignorancia y no lo hacen así tampoco porque sean "tontos", sino por la complejidad de la economía real y lo muy difícil que es ver cómo funciona todo y cegarse solo en los resultados económicos de crecimiento. Los gestores de la banca de inversión tampoco pertenecen a una élite de "illuminati", como les gusta especular a los creadores de teorías de la conspiración. Simplemente, intentan dar rentabilidad al dinero que todos ponemos en sus manos pidiéndoles precisamente eso, que nos den la mayor rentabilidad posible sin preocuparnos como lo hacen.

Por supuesto, que la crisis no será tan repentina (aunque, al ser un sistema no lineal, sí puede avanzar bastante rápido) ni tan brutal como en esta simplificación, pero no hay duda de que ya estamos en las fases finales y lo que sucedió en 2008 no fue la crisis, sino simplemente el primer aviso, que se solucionó vendiendo las herramientas y despidiendo al personal. Así, en la actualidad, las empresas petroleras, por ejemplo, están vendiendo sus activos precisamente por eso, porque ya no hay más petróleo que extraer y porque las decisiones las toman los fondos de inversión que quieren seguir manteniendo las mismas rentabilidades que antes.

He tomado como simplificación una plantación de árboles para dar una imagen visual del crecimiento natural (un 2% anual aproximadamente), pero, en realidad, la producción es siempre la misma; por tanto, el crecimiento económico es 0.

En la economía real esto se suple añadiendo más tierras a la plantación, pero la superficie de la Tierra no es infinita, globalmente ya no se puede aumentar la superficie y se han comenzado a talar más de lo que se produce, las tierras de cultivo son forzadas con fertilizantes y pesticidas, y el petróleo, el carbón, el gas natural y el uranio no se reproducen como los materiales biológicos; por tanto, toda su producción es capital que nos comemos y cada año debe crecer un 3-4% solo para mantener la economía. El primer punto de debilidad da la impresión de que está saltando por el petróleo; su producción convencional se estancó en 2005 y desde entonces se ha aumentado con otras técnicas no tan rentables, como por ejemplo, la fracturación hidráulica o la extracción de arenas

Las tres crisis

asfálticas o petróleos super-pesados. Ahora las petroleras venden sus medios de producción[10] y uno de los mayores inversores del sector, Rockefeller, se sale del negocio, según sus propias palabras, "porque el petróleo ya no es un negocio"

Veremos la mayor crisis económica jamás vista. ¿Cuándo estallará? Es algo que no se puede saber, pero estallará seguro y no será muy tarde, pues ya se están vendiendo las herramientas.

La quiebra de Detroit o cómo será el futuro

Hay multitud de ejemplos de cómo han surgido ciudades donde antes solo había bosques o praderas, de cómo se ha montado toda nuestra sociedad a partir de la nada, de cómo han surgido pueblos, ciudades y países a partir del paisaje y desde tiempos remotos.

Apenas hay ejemplos de cómo colapsa una sociedad, un pueblo, una ciudad. Los pocos ejemplos que hay son pequeños y poco conocidos, pues no dejaron apenas rastro, unas pocas ruinas y poco más. El colapso de la isla de Pascua es de los más conocidos y paradigmáticos de como un sistema pequeño y limitado colapsa ecológicamente. Aunque hay otros, al no estar en islas, sus habitantes simplemente se desplazaron y abandonaron el lugar. Pero estos ejemplos son poco ilustrativos de lo que puede ser una crisis global provocada por una escasez de recursos.

Lo que más se parece, salvando las distancias, es la situación actual de la ciudad norteamericana de Detroit; no es un ejemplo perfecto, pero se trata de una ciudad moderna y eso da muchas pistas sobre por donde pueden ir las cosas. Se trata de la mayor quiebra municipal en la historia de Estados Unidos. En dicha ciudad, personas, empresas y puestos de trabajo han emigrado a otros lugares más prósperos. En 1950 su población llegó a 1.8 millones de personas y en la última década se ha reducido a poco más de 700.000; desde el año 2000 ha perdido una cuarta parte de los habitantes, en un claro signo de una fuerte declinación del sector industrial. El alcalde ha pedido a las familias que viven al oeste, la parte más despoblada de la ciudad, que vengan hacia el centro, para que puedan ser atendidas. Entre otros signos de declive, el 40 % de las farolas de las calles no funciona, solo un tercio de las ambulancias municipales está en servicio y más de 70.000 casas están abandonadas.

Las tres crisis

Barrios enteros están desiertos y en otros, los habitantes viven en la inseguridad, pues la policía no está en condiciones de acudir de manera adecuada a las llamadas.

Durante los años 1970 y 1980 Detroit fue la capital de los incendios de Estados Unidos, y también la capital de los asesinatos. Detroit fue la ciudad más peligrosa de Norteamérica. Las tasas de criminalidad en Detroit alcanzaron su punto máximo en 1991, llegando a más de 2.700 delitos violentos por cada 100.000 personas, debido a la disminución de la población y quedar edificios abandonados. Durante las noches de Halloween hubo oleadas de incendios en las viviendas abandonadas.

En Detroit se han llegado a vender casas por un dólar, lo que quiere decir que hay miles de casas abandonadas y que su precio es evidentemente cero. Detroit lleva muchas décadas perdiendo población, no se espera que los efectos sean inmediatos en sitios donde la población ha comenzado a descender recientemente, pero es revelador de lo que podemos esperar: más delincuencia, pocos servicios y menguando, casas abandonadas con riesgo de incendios provocados o fortuitos. Pero no todo es malo, también hay iniciativas de agricultura urbana para alimentar (y mantener ocupados) a los residentes.

Como ejemplo no está mal, aunque no es un ejemplo perfecto, Detroit es una ciudad y su deuda seguramente será asumida por el estado. Si cae un estado entero y es pequeño también puede ser "rescatado". Pero cuando caigan estados grandes, ya no habrá rescates posibles. Tampoco habrá, en contra de lo que muchos piensan, mejores lugares donde emigrar, cuando esto pase; Detroit quedará como un pequeño ejemplo similar al de la isla de Pascua. La realidad lo superará en varios órdenes de magnitud y sucederán efectos de escala que no han sucedido en Detroit.

Como ejemplo, se queda corto, pero al menos apunta por donde irán los tiros, aunque sea en el sentido literal de la palabra.

Las tres crisis

Soluciones

¿Energías renovables?

En este libro se ha hablado mucho de crisis, pero nada o casi nada de soluciones. ¿Qué podemos hacer ante las crisis? El agotamiento de los combustibles fósiles no parece alarmar a mucha gente que confía en las energías renovables o en otras soluciones tecnológicas. Pero ¿debemos temer la crisis o hay soluciones? ¿Podrán las energías renovables venir al rescate? Las energías renovables son una solución, aunque una solución parcial, pues el problema de fondo no es el agotamiento de los recursos, sino como ya se ha dicho varias veces en este libro, el problema es la necesidad de crecimiento infinito en un mundo limitado. Por muy fabulosa que sea la energía obtenida con renovables, no podrá crecer indefinidamente. Vamos a ver hasta qué punto las energías renovables pueden ayudarnos y como cambiarán la sociedad, pues nos llevarán a una sociedad sostenible, como a mucha gente le gusta decir, pero no se dan cuenta que sostenible implica crecimiento cero, y en definitiva, crisis económica tal y como la conocemos en el mundo capitalista.

Otra cuestión es que la mayor parte del consumo de petróleo se emplea en el transporte, muy poca gente ha caído en la cuenta de que el transporte en sí mismo podría realizarse a coste cero. Un claro ejemplo son los satélites artificiales sobre nuestras cabezas, a más de 28.000 Km/h con los motores apagados y girando sobre nosotros de forma prácticamente indefinida.

Un sistema de transporte de coste energético cero, en teoría, consistiría en un tubo en el que se practica el vacío y se introduce una cápsula que levita sobre el tubo mediante campos magnéticos. Al tener rozamiento prácticamente cero, consume energía solo durante las aceleraciones que luego recupera durante las frenadas. Este sistema tendría unos costes energéticos marginales que se podrían generar simplemente poniendo placas fotovolltaicas sobre el tubo, o unos cuantos aerogeneradores en el recorrido. Hacer el vacío en el tubo sería muy costoso energéticamente, pero, si el sistema está convenientemente sellado, mantenerlo en el vacío apenas tendría coste energético. El Hiperloop es un nuevo desarrollo que va en esa dirección y ya se está construyendo en el oeste de los Estados Unidos.

Comenzaremos con uno de los paradigmas de las renovables, el...

Las tres crisis

Autoconsumo eléctrico con paneles solares

Vamos a tratar de discernir si con consumos reales y disponibilidad real seríamos capaces de independizar nuestra casa de la red eléctrica poniendo placas fotovoltaicas. Esto evidentemente dependerá de la casa y consumos que tenga cada uno. La cuestión no es fácil para la gente que vive en pisos y no en casas separadas y aisladas como en los países anglosajones, aun en estos países hay una gran cantidad de personas que vive en grandes ciudades y no en un chalet.

A mediados de los años 90 las potencias pico más habituales de las placas solares fotovoltaicas eran del orden de los 70 wp (vatio pico, que es la producción máxima posible del panel en condiciones óptimas) por m^2 (unos 35 wp por placa) con unos precios bastante caros por vatio instalado.

Actualmente las cosas han mejorado mucho. El vatio pico instalado está en torno a 2 €/w y además ha mejorado mucho el rendimiento de la placa; así que, ahora por unos 300 € se puede comprar una placa de unos 150 wp o más, y de un metro cuadrado de superficie aproximadamente.

El problema como siempre es que cuando se necesita la electricidad, no brilla el sol por lo que se necesitan baterías o una conexión a red reversible. Y las baterías son bastante caras; además la instalación no es para siempre, las placas hay que renovarlas cada 25 años y las baterías cada 10 años aproximadamente.

Con la tecnología actual y sin tener en cuenta las leyes de cada país. El objetivo es ver si sería posible o económicamente rentable el ansiado autoconsumo eléctrico. Desde luego que viviendo en un chalet o casa baja con jardín es mucho más fácil independizarse de la red eléctrica; el problema es que la inmensa mayoría de la gente, sobre todo, en Europa vive en pisos, y aquí el autoconsumo no es ya difícil, sino prácticamente imposible o al menos eso es lo que nos quieren hacer creer.

En la fachada de un piso medio a pequeño se dispondría de unos 3-4 m^2 y, si se cuenta con la parte proporcional de la azotea de edificio, se podrían instalar unos 10 m^2 adicionales.

El consumo de un piso mediano puede ser del orden de 1.500 a 2.000 kW diarios. Si se toman los valores más desfavorables un consumo de 2.000/365

Las tres crisis

= 5,48 kW diarios por lo que tomaré unos 5,5 kW diarios de consumo. Esto da 5,5 kW por día o 5500 wp por día.

Cálculos

Un cálculo que tenga en cuenta las pérdidas diversas, para un consumo de unos 5.500 w, necesitaría una captación bruta de más de 6 kW diarios.

Por otra parte, sería mucho más lógico conectar la instalación a la red para no tener que disponer de energía adicional para días nublados, y además, supone el ahorro de las baterías al tomar de la red cuando se necesita y volcar los excedentes cuando se produce más de lo que se consume. Eso sería lo lógico, pero hoy por hoy hay países que en vez de mirar al futuro miran al pasado y penalizan el autoconsumo y la instalación de renovables, aunque afortunadamente son pocos.

La superficie de un bloque estándar puede arrojar unos 20 m² de azotea por vecino, que, con las limitaciones típicas de paso, etc, se quedaría en una instalación de unos 10 m², aunque estos valores pueden oscilar mucho dependiendo del número de plantas de cada edificio; así por ejemplo, en los grandes bloques que se construyen en el sureste asiático apenas se podría contar con los 3 o 4 m² de la fachada, pues las cubiertas son testimoniales comparadas con el número de vecinos. Voy a considerar los 10 m² por piso de un edificio de 4 a 6 plantas.

Proyecto

Realizando los cálculos adecuados, se necesitarían unas 10 placas solares, por lo que se utilizaría el total disponible en la azotea; pero la autosuficiencia, al menos la eléctrica queda dentro de lo posible.

En definitiva, un proyecto quedaría más o menos así:

Unidades	Elementos
10	Módulo 60/230 W Policristalino
2	Regulador 60 A PWM
12	Baterías
1	Inversor

Las tres crisis

Precios
Las placas solares salen por unos 500 € cada una x 10 = 5.000 €, el regulador sale por unos 615 € cada uno x 2 = 1.230 €, las baterías salen por 2.340 € (12 módulos) y el inversor por 430 €.
El total de la instalación saldría por unos 9.000 €. Podríamos conectarnos a la red y prescindir de las baterías, con lo que la instalación se quedaría en unos 6.660 €.

Otras alternativas comerciales
Existen kits preparados para autoconsumo con todo incluido. Buscado algunas ofertas del mercado se pueden encontrar precios similares, pero con la comodidad del todo incluido.

Hay miles de alternativas, incluso se puede optar por poner un pequeño aerogenerador de unos 600 w combinado con placas solares, con la ventaja de que cuando no sopla el viento suele hacer sol, y cuando no hay sol suele soplar el viento, lo que reduce la necesidad de batería. Todo está en precios, gustos y disponibilidad de sitio, etc.

Lo cierto es que con una inversión de unos 10.000 € podría aspirar a desengancharme de la red, aunque con un gasto eléctrico en torno a 1,30 € diarios se necesitarían unos 25-23 años para amortizarlo. Hoy por hoy económicamente es poco ventajoso, teniendo en cuenta que las placas y las baterías no son para siempre, pero en el futuro sería otra historia: si el precio de la electricidad comienza a subir exponencialmente o el de los kits sigue descendiendo, esta opción comenzará a ser ventajosa económicamente. También hay que tener en cuenta que está calculada para poner baterías. Si prescindimos de ellas con conexión a red es mucho más ventajoso, siempre que no haya penalizaciones legislativas. Sin baterías se amortizaría en unos 20-17 años, como las placas duran 25 años ya comenzaría a ser económicamente ventajoso.

Si además tenemos en cuenta que la instalación está diseñada para los meses más desfavorables, resulta que durante casi todo el año la producción supera el consumo con lo que lo ideal sería volcar esos excedentes a la red con una mejora económica adicional muy importante sobre la rentabilidad calculada.

Las tres crisis

Limitaciones. Aire acondicionado y calefacción

El mejor vatio es el que no se consume dice una conocida frase, en estos cálculos se ha asignado un gasto anual de 0 vatios para el aire acondicionado. Si se va a utilizar el aire acondicionado habría que dimensionar la instalación adecuadamente.

Se puede disminuir mucho el consumo de aire acondicionado, sobre todo en zonas templadas y con poca humedad relativa, si durante el día las ventanas permanecen cerradas y con la persiana bajada lo máximo posible para permitir que entre luz para ver; es decir, habitaciones interiores a oscuras y salón en penumbra. La otra parte, del método consiste en abrir de par en par todas las ventanas posibles durante la noche para que entre el aire fresco de la madrugada. Para evitar moscas y mosquitos se pueden poner unas mosquiteras de quita y pon por apenas 20 € por unidad, por lo que el gasto de la inversión es de uno 80-100 € con consumo 0 y retorno de la inversión en uno o dos años como mucho.

En cuanto a calefacción, si alguien quiere poner fotovoltaica que no se plantee calefacción eléctrica; en este caso, la calefacción debería ir aparte. Se podría aprovechar la azotea para instalar placas solares térmicas y precalentar el agua para meter el agua de retorno en la caldera un poco más caliente y así reducir el consumo de calefacción, pero intentar calentar la casa con placas solares térmicas (con fotovoltaica es totalmente antieconómico) requiere vivir en una casa aislada y realizar una gran inversión. Aun así, es perfectamente posible.

Otras limitaciones

Estos cálculos han sido realizados sobre consumos reales con todo tipo de comodidades: plancha, calefactor, lavavajillas, etc. Normalmente en las casas con energía solar fotovoltaica se tiende a reducir los consumos al máximo. Actualmente, con iluminación LED esta queda garantizada con muy poco consumo (unos 20-25 w por habitación) y 12 w en los cuartos de baño. Poner un calefactor con fotovoltaica es una aberración por lo que, prescindiendo de ciertas comodidades, la instalación podría ser algo más pequeña.

Las tres crisis

Conclusiones

Una buena parte de las personas podríamos instalar placas solares en nuestras casas alcanzando producciones entre el 70% y el 100 % de nuestras necesidades. Esto supondría un ahorro más que considerable en las facturas de la luz y provocaría una reactivación muy importante de la economía con una creación bastante grande de nuevos puestos de trabajo. Esta mayor demanda de placas solares seguramente mejoraría las eficiencias y rendimientos de estas alcanzando altos niveles de autoconsumo, al menos en los domicilios. Aún quedarían los consumos comerciales e industriales que tendrían que ser suplidos por grandes centrales eléctricas, pero seguramente muchas menos de las que hay hoy instaladas.

La factura de importación de gas y carbón de terceros países se vería muy mermada y la balanza de pagos del país tendría mucho más en el haber y mucho menos en el debe. De todas formas no todo el mundo se puede permitir tal desembolso (para eso deberían estar la subvenciones y no para la producción) ni todo el mundo tendrá la orientación optima o la superficie optima para poner placas solares. Pero podría alcanzarse un alto porcentaje de energía eléctrica fotovoltaica instalada. Solo hay que ver lo que está consiguiendo Alemania, que situado muy al Norte con mala insolación, hay momentos en los que el excedente hace que los precios de la electricidad sean negativos y paga a los consumidores por consumir. En países mucho más favorecidos sería aún mejor.

La rentabilidad económica, al menos en casos marginales, queda un poco de "lo comido por lo servido", pero, teniendo en cuenta la escasez energética que se avecina y el consiguiente incremento de la factura eléctrica, tal vez dentro de poco sea no ya una opción sino más bien una necesidad.

Aun así, no sirve echar las campanas al vuelo y decir que ya no necesitamos el petróleo o el gas, sobre todo en países que no tengan esos recursos. Hay que tener en cuenta que el consumo eléctrico representa solo un 10 % del consumo energético total mundial (y cerca de un 20 % en países desarrollados).

Las tres crisis

Independizarse de la compañía eléctrica

Como hemos visto, si queremos (y podemos) poner paneles fotovoltaicos, el resultado es favorable, pero la amortización se produce en unos periodos de tiempo aún muy largos. La opción ideal resulta no independizarse de la compañía eléctrica, sino convertirse en proveedor, es decir, volcar a la red el exceso de producción y tomar lo necesario, por ejemplo, por la noche, cuando no hay sol ni producción. En este caso, la instalación se amortiza en un tiempo sensiblemente menor, aunque depende de la legislación de cada país. La ventaja de este modelo es que abarata y simplifica mucho la instalación, pues se evita la parte más engorrosa y cara que son las baterías. Pero en la parte negativa está la legislación que puede obligar a pagar a los suministradores pequeños en vez de devolverles dinero; así que, económicamente tampoco saldría rentable esta opción en algunos países.

Aquí la batería no es mucho inconveniente, pues se tratará casi siempre de una batería pequeña o de un número muy limitado de ellas. Eso sí, deben estar en un sitio ventilado sobre todo, si el consumo va a ser elevado.

La instalación va en corriente continua a 12 V. y esto tiene sus ventajas y sus inconvenientes. Las ventajas son que nos ahorramos la instalación de un inversor (el aparato que convierte la corriente continua de 12 V. en corriente alterna de 220 V.), pues se trata de un aparato caro. También nos ahorramos los rectificadores de muchos aparatos que funcionan a 12 V. (como el ordenador, por ejemplo), pero que solemos enchufar a 220 V. Si colocamos lámparas de corriente continua, hay que tener en cuenta que éstas van a 12 V. (se suelen suministrar junto con los kit).

Los inconvenientes son que hay que tener en cuenta que la instalación lleva polaridad, por tanto, al enchufar algo, hay que tener en cuenta cuál es el positivo y el negativo. Si nos equivocamos, podemos fundir literalmente algún cable o algo peor. Para eso se debe poner un fusible entre la batería y el regulador.

El otro inconveniente es que el conductor debe ser bastante grueso para compensar el aumento de corriente debido a la disminución de tensión. Esto encarece el cable, pues el cobre está bastante caro; además, esto hace que

Las tres crisis

las pérdidas de tensión aumenten con la distancia, así que no es buena idea poner un cableado muy largo.

En cuanto a seguridad, hay que tener en cuenta que aunque la tensión es baja, las corrientes son muy altas, por lo que hay peligro de shock eléctrico y de incendio real, en caso de cortocircuito o si se produce un alto consumo y no se ponen cables del grosor adecuado.

Este tipo de kit es muy adecuado para el uso que he descrito (iluminación de un garaje o cobertizo). Si queremos algo más complejo, como iluminar un estudio de trabajo, podemos plantearnos algo similar, pero poniendo algunas placas más y, por consiguiente, más baterías. Aun así es viable en más casos que no exijan grandes consumos, como el de la lavadora, aspirador, plancha etc, como puede ser iluminar y suministrar electricidad a una pequeña oficina solo para iluminación y algún aparato como un portátil, ordenador o impresora. Siempre con cuidado de dimensionar correctamente las placas, las baterías, los grosores y longitudes del cableado, las polaridades y tener equipos que puedan funcionar directamente a 12 V. O para iluminar pequeñas casetas, garajes, o incluso pequeñas viviendas temporales (de fin de semana), teniendo en cuenta siempre un correcto dimensionado y reduciendo al máximo los consumos (nada de frigoríficos, aspiradoras, hornos, etc.).

La energía solar fotovoltaica siempre ha estado en el límite de la rentabilidad económica, pero actualmente con los nuevos desarrollos y su implantación masiva ha reducido costes y ha entrado en el rango de lo económicamente rentable. La confirmación de que este tipo de energía efectivamente comienza a ser rentable es la reciente inauguración de una gigantesca planta fotovoltaica en Estados Unidos y otra gigante en China que deja pequeña la planta de Estados Unidos.

La planta de Estados unidos se ha construido a base de módulos solares de teluro de cadmio cubriendo parte de Carrizo Plain en el sur de California. Los módulos pertenecen a la Granja Solar Topaz, una de las mayores plantas de energía fotovoltaica del mundo. De 25,6 kilómetros cuadrados de paneles instalados, la instalación es de 4.600 hectáreas.

La construcción en Topaz se inició en 2011. La planta se completó en noviembre de 2014 y empezó a generar electricidad. En febrero de 2015 el operador de la planta anunció que el proyecto estaba oficialmente terminado. Operando a plena capacidad, la planta genera 550 MW, electricidad suficiente para abastecer a unos 180.000 hogares. Según estimaciones, eso evita la

Las tres crisis

emisión de 407.000 toneladas métricas de dióxido de carbono anuales, el equivalente a sacar 77.000 coches de la circulación.

Los módulos solares de Topaz se montan juntos en paneles sujetados por columnas de acero; la estructura contiene los módulos a una altura aproximada de 1,5 metros sobre el suelo. Las filas de paneles están construidas de manera que se forman grandes formas geométricas que se definen en parte por la presencia de vías de acceso, lechos de los arroyos y la infraestructura preexistente.

La potencia fotovoltaica instalada en China es mucho mayor, donde todo es a una escala mucho mayor, como siempre. La capacidad total de generación fotovoltaica instalada en la provincia de Gansu en 2014 llegó a 5,2 GW (compárese con la planta Topaz). En toda China, la capacidad total instalada en 2014 era de 28,05 GW. De esa cantidad, más de 10 GW de nueva capacidad se añadieron en 2014, lo que llevó a un aumento del 200 % en los kilovatios-hora de electricidad producida mediante energía solar con respecto al año anterior. Y ya en el primer trimestre de 2015, China instaló más de 5 GW de nueva capacidad adicional.

Cómo ahorrar electricidad sin esfuerzo ni grandes inversiones

Antes de plantearse costosas instalaciones fotovoltaicas en nuestra casa es conveniente plantearse los consumos reales y tratar de reducirlos al mínimo; no se trata de volver a las cavernas, ni llevar una vida de privaciones, pero hay algunas cosas prácticas que se pueden hacer para disminuir apreciablemente el consumo de electricidad, algunas requieren una inversión y otras son gratis además de permitirnos ahorrar.

Medidas que no cuestan dinero

Lo que más consume electricidad en cualquier casa no es la iluminación, ni siquiera la plancha o la nevera, lo que más consume es la calefacción y el aire acondicionado; afortunadamente, la mayoría de las casas no se calientan con electricidad y el aire acondicionado solo se utiliza unos pocos días al año en las regiones templadas. Después de esto, el mayor consumo eléctrico es el de calentar agua, que también afortunadamente la mayoría de las casas calientan

Las tres crisis

el agua con gas o con cualquier otra cosa que no sea electricidad. Quien tenga calefacción eléctrica o un calentador eléctrico de agua tendrá que empezar a pensar en sustituirlo por otra cosa. Si se va a realizar una inversión es recomendable poner más placas solares térmicas en lugar de fotovoltaicas.

Si se tiene calefacción eléctrica, lo mejor que se puede hacer, es aislar bien la casa y poner doble ventana, lo mismo para ahorrar en aire acondicionado en verano. En este caso, es recomendable tener todas las ventanas bien cerradas y las persianas bajadas o en penumbra durante el día y abrir por la noche; eso ahorrará mucho aire acondicionado.

Si vamos a abandonar la casa para irnos de fin de semana podemos apagar la calefacción tres o cuatro horas antes de salir, las casas conservan muy bien el calor.

En cuanto al aire acondicionado, muchas veces en verano por las mañanas muchas ventanas permanecen cerradas y con el aire acondicionado encendido con temperaturas exteriores inferiores a 20ºC. En ese caso, es mejor apagar el aire acondicionado y abrir las ventanas. Se puede hacer cuando la temperatura exterior comienza a descender de madrugada.

Para grandes ahorros en aire acondicionado es recomendable colocar dos termómetros en casa, uno fuera y otro dentro. Cuando el termómetro exterior marque temperaturas inferiores o iguales que el interior, apagar el aire acondicionado y abrir ventanas; cuando el termómetro exterior comience a subir por encima del interior, entonces se cierran las ventanas y dejar la casa en penumbra; así aguantará fresca sin necesidad de aire acondicionado, hasta muy avanzada la tarde reduciendo prácticamente a cero el consumo de aire acondicionado sobre todo, si las máximas exteriores quedan por debajo de 35ºC.

Calentar 1 litro de agua de 20º C a 50 ºC supone un salto térmico de 30 ºC sobre 1000 cc, lo que supone 30.000 cal o 30 Kcal que pasado a vatios es 1 Julio=0,24 calorías. El Kilovatio hora (kWh) es la unidad usada habitualmente en electricidad. 1 kWh = 3.600.000 J = 864.000 cal; por tanto, 30.000 cal = 34,7 wh, es decir, calentar un litro de agua de 20 a 50 ºC se lleva 34,7 wh, si calentamos 50 litros para ducharnos nos sale por 1.735 wh o 1,735 kW.

Si nos duchamos con agua a 40ºC y con 20 litros podemos dejarlo en 463 wh, para consumir 463 wh en iluminación tendríamos que tener una bombilla de 46 w encendida 10 horas.

Las tres crisis

Por supuesto, si calentamos el agua con gas, la cantidad de vatios es la misma, pero la cantidad de vatios que proporciona el gas por la moneda (euro, dólar, etc.) pagado es mayor que con electricidad; el gas es más barato si pretendemos calentar agua. Si la calentamos con placas solares, entonces mejor que mejor, nos sale casi gratis y amortizamos la instalación en unos cinco años.

Otro sitio donde calentamos agua con electricidad es en la cocina con la vitrocerámica. Si calentamos agua para cocer la comida lo ideal es echar la cantidad mínima de agua; si ya viene precalentada desde el grifo de agua caliente de la cocina, mejor. Se pone a cocer a la mayor potencia posible para que las pérdidas del recipiente sean las mínimas y una vez cueza, se hace lo contrario, se baja la potencia al mínimo para que mantenga la ebullición y se pone una tapadera.

Es importante tapar siempre las ollas y cacerolas, eso mantiene el calor.

Hay gente que piensa que si algo cuece a fuego rápido se hace antes; eso es falso. Una vez alcanzada la temperatura de ebullición el agua mantiene la misma temperatura; así que cuanto más bajo esté el fuego, menos gastará y la temperatura será la misma. Por supuesto, cuanto más alta sea la temperatura de cocción y menos tiempo esté encendida menos gastará, así que, siempre será más barato cocer algo en olla exprés que en una cacerola.

El agua y el aceite caliente tienen mucha inercia térmica. Así, si apagamos el fuego unos minutos antes de que estén hechas las patatas fritas o la sopa, estas terminarán de hacerse con el calor residual. También conviene cocinar en el microondas por ser mucho más eficiente que cualquier otro medio, ya sea vitrocerámica o gas.

El frigorífico consume mucho cuando intenta enfriar su interior, por eso no conviene abrirlo muy a menudo y cuando lo hacemos es importante tenerlo abierto el menor tiempo posible. Es útil tener pensado lo que vamos a hacer antes de abrirlo para que una vez abierto cojamos o dejemos lo que queremos y lo cerremos inmediatamente, si está en una zona fresca y lejos de focos calientes mejor. Tampoco conviene meter en su interior comidas calientes por lo dicho anteriormente.

En iluminación poco podemos hacer salvo intentar hacer la vida cotidiana en las habitaciones con más luz natural y encender solo la luz de las habitaciones

Las tres crisis

ocupadas. También interesa permanecer todos los miembros de la familia en la misma habitación mejor que uno en cada habitación.

Tampoco conviene mantener el "stand by" de televisiones u otros aparatos encendido. Se pueden conectar todos esos aparatos a una regleta con interruptor y colocar esta en sitio accesible. Así cuando no usemos televisión, ordenadores, etc. podemos apagar la regleta.

La televisión estará encendida solo si la estamos viendo, lo mismo con los ordenadores u otros aparatos.

También se puede ahorrar poniendo el lavavajillas y la lavadora a máxima carga, pues estos electrodomésticos suelen consumir lo mismo por cada ciclo. Así que, si cada ciclo sale por, pongamos por ejemplo, 1 €, si ponemos el lavavajillas con un vaso, lavar ese vaso costará 1 €, pero si lo ponemos con 20 vasos, 30 platos y 40 cubiertos, lavar cada pieza nos habrá salido por 1 céntimo. Lo mismo sucede con la lavadora.

En cuanto al secado de la ropa, si no vives en un lugar excesivamente húmedo puedes tenderla en el exterior o incluso dentro de casa sin necesidad ni siquiera de tener una secadora.

Tampoco hay que obsesionarse por ahorrar, basta con seguir estas medidas de forma habitual simplemente y tener un poco de sentido común.

Medidas que si cuestan dinero

Lo que más consume es el frigorífico, no por su consumo sino porque está las 24 horas encendido; así que la, mejor inversión que podemos hacer es comprar uno de etiquetación energética A y si puede ser A+ o A++ mejor, lo amortizaremos rápidamente.

También conviene comprar lavadora y lavavajillas con máxima certificación energética y prescindir de la secadora.

Si queremos cambiar la iluminación conviene saber que lo ideal es la iluminación LED, aunque también es cara; así que, si queremos ser más modestos podemos poner bombillas de bajo consumo, teniendo en cuenta que no deben apagarse si se van a encender de nuevo en menos de 20 minutos; por tanto, las pondremos en el salón o la cocina o un cuarto de estar, pero nunca en el cuarto de baño, pues nos dejaremos el sueldo cambiándolas. Se funden mucho si las apagamos y encendemos constantemente; por tanto,

Las tres crisis

para el dormitorio y para el cuarto de baño si merece la pena gastarse más dinero y poner LED.

Estas últimas medidas cuestan dinero, aunque debemos verlo como una inversión y no como un gasto, pues la inversión se recuperará con un consumo menor.

Otro elemento de la vida cotidiana de gran consumo energético es el automóvil. Los coches eléctricos ya se comercializan. Aunque en la ciudad son silenciosos y no contaminan hay que tener presente de donde sale esa electricidad, pues en muchos casos vendrá de centrales térmicas de carbón muy contaminantes o de centrales nucleares, aunque también puede venir de centrales hidroeléctricas, eólicas o solares. Pero el medio de transporte individual ideal sería el coche de hidrógeno.

El coche de hidrógeno

Recientemente ha salido al mercado el primer coche de hidrógeno comercial. Este coche va equipado con una pila de combustible (nombre técnico del motor de hidrógeno). El coche de motor de hidrógeno, de pila de combustible, pero no de motor de agua (el agua son las cenizas, decimos coches de gasolina no coches de H_2O, CO_2 y NO_x), tiene muchas ventajas: es un coche normal y corriente con unos 500 Km de autonomía como cualquiera de gasolina, apenas hace ruido y solo emite vapor de agua por el tubo de escape.

La pila de combustible es un invento del siglo XIX y ya la usaba la NASA en los años 60 en las cápsulas Gemini y Apollo. No es más que un dispositivo alimentado por hidrógeno molecular y oxígeno atmosférico que, gracias a la química, se transforman en agua pura y una gran cantidad de electricidad que aprovechan unos motores eléctricos para mover el coche.

La pila de combustible es un invento del siglo XIX y no se ha utilizado hasta ahora. Ha dado pie a muchas teorías conspirativas sobre los poderosos del petróleo que no dejaban desarrollarla, pero si consideramos la sociedad en su conjunto y no por grupos de interés, siempre ha sido más fácil, más barato y mucho menos peligroso utilizar motores de gasolina que los de hidrógeno. Si ahora salen a la luz estos motores es porque los costes comienzan a equipararse y porque había muchas dificultades técnicas para implantarlo.

Las tres crisis

Ahora, con muchas de esas dificultades solucionadas, pronto el hidrógeno será más barato que la gasolina y el gasoil.

Los motivos de esta equiparación de costes con los derivados del petróleo son varios: por un lado, la tecnología del hidrógeno ha tenido que superar muchos obstáculos técnicos no disponibles durante el siglo XX. Por ejemplo, para almacenar gasolina o diésel basta con verterlos en un depósito de acero convenientemente reforzado e impermeabilizado, pero el hidrógeno es el átomo más pequeño y ligero de la tabla periódica; así que, si vertemos hidrógeno líquido en un depósito de acero, el hidrógeno sencillamente se evaporará a través de los intersticios moleculares del acero o de cualquier material con el que se pretenda impermeabilizarlo. La única solución es asociar mediante algún tipo de enlace débil cada molécula de hidrógeno. No sé qué solución habrá adoptado este modelo comercial, pero si se ha comercializado, no dudaré de su idoneidad. Otro problema, y este no tiene solución, es la ligereza del hidrogeno; un kilo de hidrógeno ocupa mucho, muchísimo, más que uno de agua, de gasolina o de cualquier líquido conocido. En vez de 50 litros de gasolina un modelo comercial almacena 5 litros de hidrógeno a unos 700 bares de presión para recorrer esos 500 Km de autonomía.

Otro problema del hidrógeno es que arde con una llama muy vigorosa, pero absolutamente invisible. Este es otro problema grave que se ha tenido que solucionar al menos en lo referente a la seguridad.

Y finalmente, el hidrógeno es un gas; así que, para hacerlo líquido a temperatura ambiente, hay que gastar mucha energía en enfriarlo. Este problema posiblemente se haya solucionado solo al asociar el hidrógeno con otra molécula, como se ha dicho antes, o simplemente comprimiéndolo a 700 bares, aunque si es este caso, se desconoce cómo se ha solucionado el problema de las pérdidas por porosidad.

Por otra parte, la escasez de petróleo convertirá la gasolina y el gasóleo cada vez más en artículos de lujo; así que, poco a poco los coches de hidrógeno serán más competitivos económicamente respecto a los de gasolina.

De todas formas, hoy por hoy el coche de hidrógeno es mucho más caro que el de gasolina, con un coste del combustible de unos 9,5 € por 100 km frente a los 5-6 € de la gasolina o diésel. Pero cuando se fabriquen masivamente, su coste bajará. Al principio, los coches de gasolina eran mucho más caros que los caballos, aunque hoy es justo lo contrario.

Las tres crisis

El coche de hidrógeno es, en definitiva, un coche eléctrico, pero al que se le quita su mayor inconveniente (la batería) y se sustituye por un depósito de hidrógeno que almacena mucha más energía que cualquier batería actual. En realidad, también lleva una batería, aunque su objetivo no es proporcionar la electricidad, sino servir de acumulador, es decir, tomar la sobrante de las frenadas y proporcionarla en los arranques porque luego, en vez de alimentarse de la propia batería o de un motor convencional de gasolina, se alimenta de la pila de hidrógeno.

Otro factor muy importante a tener en cuenta es que el hidrógeno no es una fuente de energía como el petróleo o el carbón. Es un vector, es decir, el petróleo, el gas natural y el carbón salen de la tierra y los podemos quemar directamente, pero el hidrógeno hay que obtenerlo del metano, del petróleo o del agua. Ahora mismo la fuente más barata de hidrógeno es el metano (gas natural), aunque a medida que se agote el metano habrá que obtenerlo del agua. ¿Dónde está el problema? Pues que para obtener 100 W de energía quemando hidrógeno, previamente hemos tenido que gastar más de 100 W para obtenerlo, por tanto, el hidrógeno no es una fuente de energía, por eso decimos que es un vector.

Aun así, no está todo perdido; por ejemplo, por la noche los aerogeneradores generan mucha energía eólica que no se usa y hay que desconectarlos de la red. Bastaría con utilizar toda esa energía sobrante para obtener hidrógeno del agua de forma renovable para alimentar estos coches o simplemente para generar electricidad y volcarla a la red en momentos de calma del viento o/y de mayor demanda.

En definitiva, agotado el petróleo, el carbón y el gas natural solo dispondremos de agua para generar hidrógeno y este deberá obtenerse a partir de grandes cantidades de electricidad de origen renovable que, como hemos visto, una pequeña parte puede salir del excedente que tiramos por falta de demanda, pero la gran mayoría deberá salir de potencia aún no instalada.

Y aquí es donde está el problema más serio. Actualmente solo el 10-15 % de la energía primaria es electricidad; por tanto, acabados los combustibles fósiles, tendremos que convertir en electricidad ese 85-90% restante; por lo que, si tenemos que prescindir completamente de la energía fósil, debemos multiplicar casi por 6 toda la red global eléctrica y no solo eso, sino hacerla toda 100 % renovable. Y ya que nos ponemos con el 100% renovable. ¿Es posible una sociedad 100% renovable?

Las tres crisis

La isla de El Hierro será 100% renovable[11]

Hace poco se difundió la noticia de que la isla canaria de El Hierro va camino de convertirse en la primera isla del mundo en ser 100% renovable, aunque luego se especificó que 100% autosuficiente se refería solo a electricidad. La noticia se produjo con la inauguración de la nueva central hidroeólica de Gorona que funciona con cinco aerogeneradores.

La novedad está en que, cuando el viento sopla en momentos de poca demanda, en vez de desconectar los aerogeneradores como sucede en la Península, éstos bombean agua a dos depósitos en altura; de tal forma que, cuando no sopla el viento, esta agua se hace bajar de nuevo impulsando un alternador que abastece la red. El invento no es nuevo, pero no es realizable en todas partes. Aquí, gracias a su especial orografía y, sobre todo, por sus escasos 11.000 habitantes, ha sido posible montar tal sistema, teniendo en cuenta que la vieja central de gasóleo de 1971 queda de reserva por si se acaba el agua y el viento sigue sin soplar.

El elemento principal del sistema de la central son dos depósitos de agua conectados por una tubería de 6.000 metros y el segundo, un parque eólico de cinco aerogeneradores interconectados. El agua de mar se capta y se desala (por la escasez endémica de dicho recurso en la isla) y llega al primer depósito, luego el agua se baja a la segunda piscina para generar la electricidad, igual que el salto de agua en una central hidráulica. De momento, no será 100% renovable, durante 2014 la nueva central suministró entre el 70 y el 80 % de la energía eléctrica. La gestión del agua en El Hierro, desalación y distribución, consume casi el 50% de la demanda energética anual.

La central costó 67,5 millones de €, por lo que salió a más de 6.000 € por habitante. Pero evitará la compra de 40.000 barriles anuales de petróleo que, a precio de 50 $/barril, sale a unos 2 millones de € y con el barril a 100$ salen casi 4 millones de € al año. En el peor de los casos, en unos 30 años tendrán amortizada la nueva central.

Las tres crisis

Sostenibilidad total

Además, El Hierro pretende ser completamente autosuficiente; para ello quieren reemplazar la gasolina de los coches con coches eléctricos, e instalar paneles solares para calefacción. De esta manera, según dicen, pretenden ser el primer territorio aislado del mundo capaz de autoabastecerse con renovables. La isla cuenta con unos 6.000 vehículos que aspiran a ser eléctricos de aquí a 2020.

¿Será el Hierro totalmente sostenible?

Hasta aquí todo muy bien; desde luego que la idea es buena y económicamente rentable, esos 2 millones de € anuales que evitan importar petróleo les permitirá ir amortizando la instalación y poner en marcha otros proyectos. Pero, me hago una pregunta maliciosa: ¿Puede ser el Hierro realmente autosuficiente utilizando exclusivamente energía renovable?

Esta cuestión es mucho más difícil. Se pronuncia la palabra sostenible sin darnos cuenta de lo que implica. Desde el punto de vista eléctrico El Hierro ya es sostenible en un 50% y no se ven muchos problemas para que lo sea al 100%.

Poner placas solares térmicas en las viviendas, además de barato, es muy rentable pues se amortizan en apenas 5 años y en el clima de El Hierro la necesidad de calor adicional de calefacción es mínima; por lo que, seguramente, puedan autoabastecerse al 100% de agua caliente sanitaria y calefacción solo con placas solares térmicas. En este sentido, ningún problema.

Mover todos los coches con electricidad tampoco parece una cuestión insalvable en una isla donde la autonomía del coche no es un problema, pues apenas recorrerá unas cuantas decenas de kilómetros; eso sí, hacer esto implica multiplicar bastante la red de aerogeneradores. Si con 5 turbinas eólicas de 2,3 MW/h nominales tienen para el 50% de la electricidad, con 10 tendrían para el 100 % (salvo periodos de calma en los vientos). Habría que evaluar el consumo en kW/h del parque móvil, pues suele ser unas 5 veces más grande que el consumo eléctrico (en este caso serían 50 aerogeneradores), aunque al ser una isla tan pequeña, seguramente el consumo sea muchísimo menor y con, digamos 15-20 aerogeneradores puedan autoabastecerse.

Las tres crisis

Otra cosa es el precio. Los aerogeneradores no son baratos y la población de la isla no llega a los 11.000 habitantes; es dudoso que tan poca población pueda costearse tantos aerogeneradores por muy rentables que salgan.

Una vez conseguido esto, aún estarían lejos de la sostenibilidad. Una de sus principales actividades económicas es el turismo. Tendrían que generar a través de cultivos al menos la mitad de los biocombustibles necesarios para la entrada y salida en la isla de barcos y, sobre todo, de aviones. Además de mover los barcos pesqueros.

Parte de los habitantes de la isla se vieron forzados a emigrar a lo largo de la historia, debido a la limitación de tierras de cultivo y las sequías. Lo que quiere decir que El Hierro, además de poca población, tiene una escasa disponibilidad de tierra utilizable para agricultura y ganadería; por lo que importa alimentos del exterior. Aunque también exporta, el saldo neto es de importación. Los alimentos importados deberían ser 100% sostenibles también y, ya puestos a examinar las importaciones, la fabricación de los coches que utilicen, ordenadores, móviles, maquinaria de todo tipo y otros bienes de consumo también deberían provenir de fábricas certificadas 100% renovables para que El Hierro fuera 100% renovable o sostenible.

Con esto no se pretende criticar la iniciativa de El Hierro de su apuesta por la sostenibilidad; la crítica va más bien dirigida a la facilidad con la que usamos la palabra sostenibilidad y el porcentaje del 100% cuando nos referimos a las renovables que al proyecto en sí, que va en la dirección correcta.

Finalmente, hay que tener en cuenta que el modelo de El Hierro solo se puede aplicar en regiones ultra-pequeñas. El Hierro apenas cuenta con el 0,5% de la población de las islas Canarias. En regiones grandes conseguir la sostenibilidad es mucho más difícil. Esto pone de manifiesto con un caso práctico y real la verdadera dificultad de sustituir las energías fósiles por renovables.
Si hubiera una crisis energética, El Hierro está en mejores condiciones de soportarla que otras regiones, pero da la impresión de que los habitantes de la isla de El Hierro la notarían casi tanto como los que no vivimos en la isla.

Las tres crisis

Conclusiones

Una consecuencia de lo que hemos visto a lo largo de este libro es que el petróleo no se acabará nunca, pero eso no debe preocuparnos. Lo realmente importante es que el flujo de petróleo barato terminará pronto y no hay sustituto fácil ni barato. Por tanto, el futuro será con menos energía disponible que ahora y eso implicará más pobreza y más crisis.

No hay que olvidar que actualmente se derrocha mucho. Por tanto, los primeros años de contracción podríamos pasarlos sin grandes sobresaltos simplemente optimizando los recursos y no derrochando.

En primer lugar, hay que hacer hincapié en un error muy extendido: el problema del agotamiento del petróleo **no son las reservas, es la producción**.

Como hemos visto, el mundo necesita más de 90 mbd para funcionar. Hay que tener en cuenta lo que significan 90 Millones de Barriles diarios. El problema del pico del petróleo es cuánto tiempo se podrá sostener esa producción y que la economía capitalista obliga a aumentar dicha producción año tras año indefinidamente, cosa físicamente imposible.

La sustitución del petróleo por otras energías es un sueño; las energías renovables son las migajas de la producción mundial y su desarrollo masivo implica un cambio de paradigma que hará tambalear los cimientos del capitalismo.

Los optimistas pueden ver la gráfica del principio y decir que el pico del petróleo está lejano. Pero una gráfica por muy ascendente que sea no da ninguna garantía de cómo será en el futuro.

La explotación de petróleos no convencionales y extra pesados da una idea de cómo los recursos convencionales se están agotando y de cómo los altos precios, consecuencia de este agotamiento, hacen rentable la explotación de recursos que antes no lo eran.

En cuanto al cambio climático, el hecho de que se haya observado un calentamiento inferior a 1ºC (esto era antes de 2015, desde entonces algunos meses han superado ampliamente 1º C, acercándose a los temidos 2ºC) desde el comienzo del siglo XX, cuando corresponden ya más de 2ºC, es debido a la inercia térmica del sistema, lo que por un lado es bueno: No tenemos aún los 2ºC de calentamiento correspondiente. Pero en la parte negativa sabemos que, aunque dejemos de emitir CO_2, la temperatura seguirá subiendo durante

Las tres crisis

muchas décadas hasta al menos los 2ºC-3ºC correspondientes a las 400 ppm actuales.

Sin embargo, la reacción de parte de la sociedad a este calentamiento, sorprendentemente, ha sido de negación de la realidad. Si exceptuamos la teoría de la evolución de Charles Darwin, no se conoce ninguna otra teoría científica que haya despertado tanta controversia como el calentamiento global antropogénico.

Ni siquiera el efecto túnel mecánico-cuántico parece importar a nadie a pesar de ser mucho más anti-intuitivo y estar tan fuera del sentido común. La tesis del calentamiento global debido a la liberación masiva de gases de invernadero a la atmósfera, principalmente CO_2, ha dividido a la opinión pública en dos bandos enfrentados e irreconciliables; además, cada persona tiende a posicionarse en un bando, dependiendo más bien de su ideología política más que de sus conocimientos sobre el clima.

Un bando se adhiere a las tesis de los climatólogos, podríamos llamarle el bando "ortodoxo" y establece que es urgente la "descarbonización" (cese de emisiones de CO_2 y otros gases de invernadero como el metano) total o parcial de la sociedad lo antes posible. El otro bando, autodenominado de los "escépticos", niega que el calentamiento sea antropogénico, vierte dudas sobre el efecto de los gases de invernadero en el cambio observado o incluso niegan que exista un calentamiento.

Este hecho de la formación de dos bandos alineados, más por su inclinación política que por sus conocimientos de la ciencia del clima, hace pensar que dicho debate no es un tema científico, sino más bien un tema político, pues hay un consenso amplio entre los climatólogos de que la teoría es correcta y las discrepancias suelen ser en detalles, nunca en las directrices generales que se establecieron ya en el siglo XIX.

El bando "escéptico" trata de desprestigiar toda la ciencia publicada oficialmente en revistas indexadas revisadas por pares y, sobre todo, en los más conocidos y mediáticos informes periódicos que emite el organismo de la ONU para el cambio climático, conocido por sus siglas IPCC. Dicho grupo acusa directamente de corruptos a los científicos que aportan sus trabajos para dicho informe que, dicho sea de paso, son casi todos los climatólogos del mundo.

Las tres crisis

Cuando se publicó el quinto informe del IPCC, firmado por más de 3.000 científicos y 110 países, el bando "escéptico" continuó arrojando dudas y desprestigiando al IPCC tachándolo de poco serio o directamente corrupto. Un científico puede ser corrupto, dos científicos pueden ser corruptos, tres..., pero cuesta creer que más de 3.000 científicos sean corruptos. Un país puede tener intereses retorcidos, dos países... aunque cuesta creer que 110 países tengan intereses retorcidos. En este sentido, la negación del cambio climático alegando la corrupción de tanta gente es más una teoría de la conspiración de esas que tanto abundan ahora con internet, que una realidad.

Este mismo grupo predica la "refutación" del cambio climático antropogénico y el efecto del CO_2 sobre la atmósfera como gas de efecto invernadero. En la época nazi se publicó un libro que se titulaba: *100 científicos refutan a Albert Einstein*. Cuando se le preguntó al científico sobre dicho libro preguntó: "¿Por qué 100? Bastaría uno solo para refutarme". Así funciona la ciencia: no por mayorías, sino por evidencias. A día de hoy, ningún trabajo ha refutado una sola hipótesis del cambio climático antropogénico.

El tema de la negación o "escepticismo", como uno de los bandos se autodenomina, entraría más en el estudio de la sociología que en el de la ciencia del clima, pues, como se acaba de decir, se trata ya claramente de una teoría conspirativa. Y han tomado prestado incorrectamente el término escéptico, pues el escéptico va donde le llevan los datos. Las personas de este bando autodenominadas "escépticas" ya han tomado una decisión previamente y solo muestran los datos que les llevan a ese resultado. Eso no es ciencia, eso es manipulación de la información.

Creo que el debate debería redirigirse hacia las políticas y, sobre todo, hacia cómo hacer una transición razonable a un mundo sin emisiones de CO_2. Cuando le pregunté a un "escéptico" por qué no dudaba sobre el efecto túnel y sí sobre el cambio climático me dijo que el efecto túnel no le "tocaba el bolsillo" y tenía toda la razón. El debate del cambio climático antropogénico no es un debate científico es un debate político (donde hay dinero y políticas en juego); por eso, pienso que se debería redirigir hacia ese punto. Esto redundaría en beneficio de los "escépticos", pues atacando la ciencia del clima chocan contra el muro de la verdad, cuando no hacen directamente el ridículo negando lo evidente.

Los glaciares no entienden de política, los termómetros tampoco, somos millones de personas los que observamos cada año el adelanto de la

Las tres crisis

primavera y retraso del invierno, temperaturas inusualmente cálidas, migraciones de aves y otros animales cambiadas de fechas, y un larguísimo etc. Aun así, hay gente que afirma ciegamente que el clima se está enfriando.

En el otro bando están los ortodoxos, es decir, los que aceptan la ciencia oficial y asumen que se está produciendo un calentamiento, como ya he dicho, políticamente coinciden con la ideología contraria. Este bando propugna la "descarbonización" de nuestra sociedad para evitar el cambio climático. El bando contrario alega que eso costaría mucho dinero, si es que fuera posible.

Aquí el bando ortodoxo peca de optimista y no acaba de darse cuenta de que la "descarbonización" de la sociedad es virtualmente imposible, y que muchas medidas que se proponen de "reducción" de emisiones no son más que medidas "cosméticas" que apenas paliarán el problema: si emites 100 no vas a solucionar gran cosa por emitir 99 o 90. Aun así, en este bando hay un exagerado optimismo hacia las energías renovables, piensan que se puede sustituir completamente los combustibles fósiles sin necesidad de prescindir de ninguna comodidad de nuestro mundo actual, lo cual es casi tan absurdo como negar la ciencia del cambio climático.

Más chocante es aún que muchas personas de este bando son conscientes del pico del petróleo y las consecuencias nefastas que tendrá y no acaban de darse cuenta de que "descarbonizar" la sociedad sería asumir voluntariamente la llegada del pico del petróleo con todas sus consecuencias. Ello provocaría grandes hambrunas, pues los más de 7.000 millones de habitantes del mundo no se pueden alimentar sin el sistema actual de agricultura industrializada mediante petróleo, abonos sintéticos y pesticidas.

El pico del petróleo y el cambio climático son las dos caras de la misma moneda: agotamos las fuentes de los recursos (pico del petróleo) y saturamos los sumideros (calentamiento global). Hay que centrar el debate en el auténtico meollo de la cuestión: **la dificultad de sostener nuestra sociedad en crecimiento infinito con unos recursos limitados (fósiles) que se agotan o con recursos ilimitados, pero intermitentes y dispersos (energías renovables),** con el objetivo de dejar de perder el tiempo en negar lo evidente (calentamiento global) y en soñar con lo casi imposible (sustitución de combustibles fósiles por renovables).

Además, el debate es manifiestamente falso por que como dijo Faith Birol, Director de la agencia internacional de la energía (AIE). *"Tenemos que abandonar el petróleo antes de que él nos abandone a nosotros".* Si no es por

Las tres crisis

el calentamiento global habrá que tratar de sustituir el petróleo antes de que se agote, aunque también hay gente muy optimista que piensa que el crecimiento infinito se podrá sostener con recursos finitos de forma indefinida, pero eso es como negar que la tierra se calienta.

De lo que se trata es de "diseñar" una sociedad "descarbonizada", apeada del dogma del crecimiento infinito y que aproveche de forma eficiente todos los recursos disponibles (sol, viento, mareas, olas, etc.) Pero siendo conscientes de que para ello hay que hacer sacrificios de decrecimiento, pues la sociedad actual no se sostiene solo con renovables. Pensar en llenar todo de renovables es pensar que las placas y los aerogeneradores se construyen gratis, sin coste energético o de materiales. Las energías renovables son útiles y necesarias, aunque son insuficientes y limitadas.

Diseñar una sociedad 100% renovable es hoy por hoy tan necesario como imposible; no obstante, hay que planificarla antes de que ambas crisis, cambio climático y agotamiento de recursos, presionen sobre nosotros. Pretender seguir como hasta ahora sin hacer nada como defiende el bando "escéptico", es la mejor garantía para chocar de frente con el problema cuando ya no tenga solución, pero poner hoy en marcha una tecnología cara y poco desarrollada para prevenir un problema, como defiende el bando "ortodoxo", puede ser más problemático y destructivo que el problema que se pretende paliar. El petróleo, el carbón y el gas son contaminantes y sucios, pero no se pueden pasar por alto los enormes beneficios que reportan a la humanidad.

Hay que de encontrar un equilibrio entre introducción de energías renovables, lo que, a su vez generará puestos de trabajo e innovación, y la sustitución de los viejos métodos, más contaminantes, aunque más baratos (de momento). El equilibrio debe contemplar que el modelo BAU (Bussiness As Usual) [seguir como se ha hecho habitualmente] es insostenible y se necesitan también adaptaciones, mejora de eficiencia y reducción. **La idea fundamental que extraigo de este libro es que debemos abandonar el crecimiento económico de forma ordenada y encaminarnos hacia un modelo de sociedad de crecimiento cero.** Si no lo hacemos de forma ordenada, la segunda ley de la termodinámica nos obligará a hacerlo por la fuerza y será mucho peor.

El cambio exigirá grandes esfuerzos, pero será mejor si lo hacemos todos en la misma dirección que enfrentados en dos bandos.

Las tres crisis

"Por una política ambiental exitosa, la realidad debe prevalecer sobre las ilusiones, porque la naturaleza no puede ser engañada." (Richard P. Feynman, Físico).

"El mayor defecto de la raza humana es nuestra incapacidad para entender la función exponencial" (Albert Allen Bartlett, Físico).

Referencias:

Introducción

1 El artículo original se puede consultar aquí:

http://www.crisisenergetica.org/article.php?story=20061113084910159&query=las%2Btres%2Bcrisis

2 "Los límites del Crecimiento". Un informe para el Club de Roma. De Donella H. Meadows, Dennis L. Meadows, Jørgen Randers, y William W. Behrens III.

3 Informe de los límites del crecimiento añadiendo el cambio climático y el cénit del petróleo.

Documento completo en:

http://www.crisisenergetica.org/article.php?story=20090420185527541&query=Dolores%2BGarc%25EDa

Primera crisis

4 Estos datos están basados en el informe anual que libera la empresa British Petroleum

http://www.bp.com/en/global/corporate/energy-economics/statistical-review-of-world-energy.html

5 Basado en el informe anual de la Agencia Internacional de la Energía

http://www.iea.org/bookshop/

Segunda crisis

6 Acontecimientos climáticos de 2010

http://data.giss.nasa.gov/gistemp/2010july/

Las tres crisis

7 NOAA: Global Analysis - Annual 2015
http://www.ncdc.noaa.gov/sotc/global/201513

8 NOAA: 2015 es el año más caluroso globalmente por el margen más amplio en el registro
http://www.ncdc.noaa.gov/sotc/global/2015/13/supplemental/page-1

Tercera crisis
9 El blog salmón   http://www.elblogsalmon.com/economia/paralisis-fiscal-de-estados-unidos-muestra-la-precaria-situacion-de-la-economia-mundial

10 Se venden activos de la industria del petróleo
http://economiaytecnologiaentrujillo.blogspot.com.es/2015/02/se-venden-activos-petroleros-de-america.html

Soluciones
11 La isla de "El Hierro" será 100% renovable
http://www.elmundo.es/ciencia/2015/08/12/55ca2c7e22601d600a8b458d.html

www.ingramcontent.com/pod-product-compliance
Lightning Source LLC
Chambersburg PA
CBHW070252190526
45169CB00001B/387